Beiträge zur aktuellen fluvialen Morphodynamik

GÖTTINGER GEOGRAPHISCHE ABHANDLUNGEN

Herausgegeben vom Vorstand des Geographischen Instituts
der Universität Göttingen
Schriftleitung: Karl-Heinz Pörtge

Heft 86

Beiträge zur aktuellen fluvialen Morphodynamik

Mit 61 Abbildungen und 12 Tabellen

Herausgegeben von Karl-Heinz Pörtge und Jürgen Hagedorn

1989

Verlag Erich Goltze GmbH & Co. KG, Göttingen

ISBN 3-88452-086-5

Druck: Erich Goltze GmbH & Co. KG, Göttingen

INHALTSVERZEICHNIS

Vorwort der Herausgeber 7

BARSCH, D., R. MÄUSEBACHER, G. SCHUKRAFT & A. SCHULTE: Beiträge zur aktuellen fluvialen Geomorphodynamik in einem Einzugsgebiet mittlerer Größe am Beispiel der Elsenz im Kraichgau 9

BECHT, M., M. FÜSSL, K.-F. WETZEL & F. WILHELM: Das Verhältnis von Feststoff- und Lösungsaustrag aus Einzugsgebieten mit carbonatreichen pleistozänen Lockergesteinen der bayerischen Kalkvoralpen 33

BECHT, M. & K.-F. WETZEL: Dynamik des Feststoffaustrages kleiner Wildbäche in den bayerischen Kalkvoralpen 45

BLÄTTLER, R., H. HAGEDORN & R. BAUMHAUER: Rezente fluviale Geomorphodynamik in alpinen Hochgebirgstälern – Unwetterereignisse 1987 und 1988 im Stubaital 53

ERGENZINGER, P. & P. STÜVE: Räumliche und zeitliche Variabilität der Fließwiderstände in einem Wildbach: Der Lainbach bei Benediktbeuren in Oberbayern   61

GEROLD, G. & P. MOLDE: Einfluß der Pedo-Hydrologischen Einzugsgebietsvarianz auf Oberflächenabfluß und Stoffaustrag im Einzugsgebiet des Wendebaches   81

HÖFNER, T.: Aspekte fluvialen Sedimenttransfers in der alpinen Periglazialstufe – vorläufige Ergebnisse zu Geröll- und Lösungsfracht im Glatzbach, südliche Hohe Tauern 95

MOLDENHAUER, K.-M. & G. NAGEL: Aktuelle Abtragungsvorgänge in Kerbtälchen und Runsen unter Wald 105

PÖRTGE, K.-H. & P. MOLDE: Feststoff- und Lösungsabtrag im Einzugsgebiet des Wendebaches 115

SCHMIDT, K.-H., D. BLEY, R. BUSSKAMP & D. GINTZ: Die Verwendung von Trübungsmessung, Eisentracern und Radiogeschieben bei der Erfassung des Feststofftransports im Lainbach, Oberbayern 123

SYMADER, W.: Zeitlich variante Eigenschaften fluviatiler Schwebstoffe – Ein Werkstattbericht – 137

UNTERSUCHUNGEN ZUR AKTUELLEN FLUVIALEN MORPHODYNAMIK IM RAHMEN DES DFG-SCHWERPUNKTPROGRAMMES „FLUVIALE GEOMORPHODYNAMIK IM JÜNGEREN QUARTÄR"

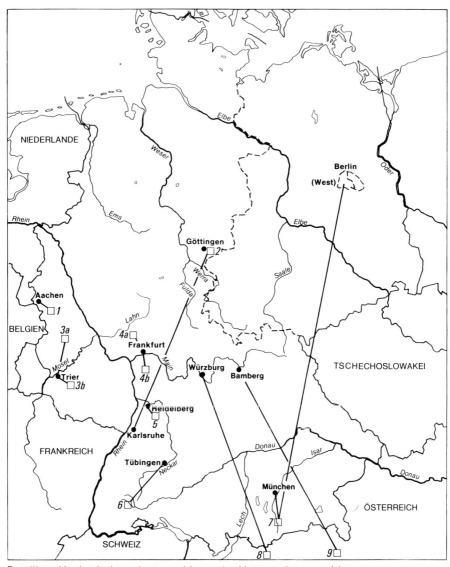

Beteiligte Hochschulstandorte und Lage der Untersuchungsgebiete

1. Kall (Nordeifel)
2. Wendebach, Garte, Dramme (Südniedersachsen)
3 a. Kartelbornsbach (Eifel)
3 b. Olewiger Bach (Hunsrück)
4 a. Taunus
4 b. Odenwald
5. Elsenz (Kraichgau/Odenwald)
6. Wutach (Südschwarzwald)
7. Lainbach (Bayerische Kalkvoralpen)
8. Stubaital (Stubaier Alpen), Ventertal (Ötztaler Alpen)
9. Glatzbach (Hohe Tauern)

VORWORT

Von der Deutschen Forschungsgemeinschaft wurde 1986 das Schwerpunktprogramm „Fluviale Geomorphodynamik im jüngeren Quartär" eingerichtet, in dessen Rahmen seit 1987 Forschungen zur fluvialen Formung, ihren Prozessen und den wirksamen Faktoren in zur Zeit 24 Teilprojekten von 20 Hochschulinstituten und vom Niedersächsischen Landesamt für Bodenforschung, Hannover, durchgeführt werden. Die einzelnen Projekte verteilen sich auf drei Bereiche: 1. Untersuchungen zur pleistozänen fluvialen Morphodynamik seit der vorletzten Kaltzeit, wobei das besondere Interesse den großen klimatisch bedingten Umbrüchen gilt. 2. Untersuchungen zur holozänen Flußgeschichte unter besonderer Beachtung der klimatisch und/oder anthropogen bedingten morphodynamischen Phasen. 3. Untersuchungen zur aktuellen Morphodynamik, die auch die Untersuchungen an Runsen und die Analyse der wirksamen Prozesse selbst einschließt. Die Untersuchungsgebiete sind über die Bundesrepublik Deutschland verteilt und betreffen Flußgebiete aus dem Tiefland, dem Mittelgebirge, dem Alpenvorland und den Alpen selbst, hier auch in die österreichischen Alpen übergreifend. Für die Untersuchungen zur aktuellen Morphodynamik sind die beteiligten Hochschulen und ihre Untersuchungsgebiete in der beigefügten Karte dargestellt.

Außer regelmäßigen Kolloquien aller Teilnehmer am Schwerpunktprogramm, zuletzt in Wolferszell bei Straubing (16.–19. November 1988) und in Neustadt am Rübenberge (1.–4. November 1989), fanden Zusammenkünfte einzelner Projektgruppen statt, so vom 26.–28. Mai 1989 in Kronberg im Taunus ein Treffen der Arbeitsgruppen, die Forschungen zur aktuellen Morphodynamik durchführen. Während dieses Treffens wurde vereinbart, erste vorliegende Arbeitsergebnisse in einem kleinen Sammelband zu veröffentlichen, um so die bereits geleistete Arbeit zu dokumentieren.

Wenn dieser Band hier vorgelegt wird, so ist besonders darauf hinzuweisen, daß die Arbeiten an den einzelnen Projekten noch in keinem Fall abgeschlossen sind und daß wegen der bisherigen kurzen Laufzeit die Datenbasis für fundierte Schlüsse noch sehr schmal ist. Insofern sind manche Ergebnisse noch als vorläufig oder in ihrer Aussage noch eingeschränkt anzusehen. Der Band vermittelt aber sicher einen Einblick in die aufgenommenen Fragestellungen und die eingeschlagenen Lösungswege und stellt sie zur Diskussion.

Der Deutschen Forschungsgemeinschaft sei auch bei dieser Gelegenheit Dank gesagt für die Einrichtung dieses Schwerpunktprogrammes und für die bisherige Förderung, hier insbesondere derjenigen Projekte, über die nachstehend berichtet wird.

Karl-Heinz Pörtge   Jürgen Hagedorn

BEITRÄGE ZUR AKTUELLEN FLUVIALEN GEOMORPHODYNAMIK IN EINEM EINZUGSGEBIET MITTLERER GRÖSSE AM BEISPIEL DER ELSENZ IM KRAICHGAU

Von DIETRICH BARSCH, ROLAND MÄUSBACHER,
GERD SCHUKRAFT & ACHIM SCHULTE, Heidelberg

mit 9 Abbildungen und 1 Tabelle

Zusammenfassung: Zum Einzugsgebiet der Elsenz (542 km) gehören Teile des nördlichen Kraichgau und des südlichen Buntsandsteinodenwaldes. Ihr Abfluß wird mit MNQ=1,45 m³/s, MQ=4,4 m³/s und HHQ=150 m³/s charakterisiert. Typisch für ihr Einzugsgebiet ist eine intensive agrarische Nutzung zumindest seit der Römerzeit und eine verstärkte Zunahme der Siedlungsflächen seit den 60er Jahren dieses Jahrhunderts. Das Abflußverhalten ist besonders bei NQ und MQ durch zahlreiche Wasserkraftwerke und andere anthropogene Veränderungen des Gerinnebettes bestimmt.

Bei den Untersuchungen zur aktuellen fluvialen Dynamik stehen folgende Fragen im Vordergrund:
- nach den Sedimentquellen und möglichen Zwischendepositionen
- nach Analyse der Niederschlag-Abflußbeziehungen
- nach ufervollem und gerinnebettgestaltendem Abfluß
- nach der rezenten Entwicklung des Gerinnebettes und der Aue
- nach den Auswirkungen der anthropogenen Eingriffe.

Die Untersuchung eines Hochwassers vom 12.–17.3.1988 ergab die folgenden ersten Ergebnisse:
- Die Maxima der Schwebstoffkonzentration liegen bei den Teil- und bei dem Hauptvorfluter deutlich vor den Abflußmaxima. Die Elsenz erreicht das Konzentrationsmaximum mit 7000 mg/l etwa 8 Stunden vor dem Maximalabfluß mit 90 m³/s. Dieser starke Anstieg wird auf die Mobilisierung von Material aus dem Gerinnebett zurückgeführt.
- Die Ufererosion (Rutschungen) am Gerinne eines Teilvorfluters beträgt ca. 20 % am Gesamtaustrag dieses Teilvorfluters.
- Der Gesamtaustrag aus dem Elsenz-Einzugsgebiet betrug ca. 33.000 t, die Depositionen auf der Aue ca. 36.000 t. Der Bodenverlust von 69.000 t entspricht einem Abtrag (von landwirtschaftlichen Flächen) von ca. 290 t/km, d.h. einem Bodenabtrag von ca. 0,16 mm.
- Der Vergleich zweier Sohlenlängsprofile an der Elsenz zeigt keine wesentlichen Veränderungen am Sohlentiefsten nach dem Hochwasser.
- Mit einem Modell zur Ufer- und Seitenerosion wird versucht, den starken Anstieg der Schwebstoffkonzentration zu erklären.

[Contribution to the actual fluvial geodynamics
in middle sized catchments demonstrated of the Elsenz/Kraichgau]

Summary: The catchment of the Elsenz comprises 542 km; the mean discharge is 4.4 m³/s, during low water ca 1.45 m³/s, during flood up to 150 m³/s.

The catchment has an intensive agriculture (on loess), which goes back to Neolithic and Roman times. During the last 20 years, road and settlement constructions are using more and more space. Discharge is also heavily influenced in times of low to average water by weirs and other human impacts on the river bed.

In the basin of the Elsenz, the flood from the 12 to the 17 March 1988 with a peak flow of 90 m³/s caused large inundations. The studies done led to the following results:

— The peak concentration of suspended material is reached well before the peak flow in the Elsenz and its tributaries. Peak concentration of the main gauge was 7.000 mg/l, 8 hours before the peak flow of 90 m³/s. The suspended sediment had to be mobilized in the river bed.
— Bank erosion (sliding) in a tributary produces ca. 20 % of the total sediment output of this tributary.
— The total output from the Elsenz basin is about 33.000 t; the deposition on the floodplain is ca. 36.000 t. The total of 69.000 t corresponds to an erosion on slopes used as fields of 290 t/km, that is a soil erosion of ca. 0.16 mm.
— The pool and riffle sequence along the thalweg of the Elsenz shoes no marked differences before and after the flood of March 1988.
— A model of bank and bank-foot erosion shall explain the marked peak in the concentration of suspended sediment, which occurs before the discharge peak.

1. Einleitung

Im Rahmen von Untersuchungen zur fluvialen Dynamik ist im internationalen, aber auch im nationalen Rahmen eine Hinwendung zur Prozeßforschung, d.h. zur gezielten Messung aktueller fluvialer Vorgänge unverkennbar. Dies ist eine folgerichtige Entwicklung, da die großen Theorien zur fluvialen Formung wie auch die sich mehrenden Modelle für fluviale Prozesse dringend reale Daten benötigen. Außerdem sind die für längere Zeiträume des Holozäns ermittelten Vorstellungen über die Leistungskraft und die Dynamik subrezenter fluvialer Prozesse dringend mit aktuellen Messungen zu vergleichen, wobei im Hintergrund auch die Idee steht, Rückkoppelungen zwischen Daten paläogeographischer Art (z.B. der Geometrie ehemaliger Gerinnebetten) und heutigen Messungen etwa zur Rekonstruktion früherer Abflußverhältnisse zu ermöglichen (vgl. BARSCH & MÄUSBACHER 1988, STARKEL & THORNES 1981, CHATTERS & HOOVER 1986). Zudem ist die Messung aktueller Vorgänge auch als Beitrag der Geomorphologie zu geoökologischen Fragestellungen anzusehen.

Da die zu erfassenden fluvialen Systeme eine sehr große Komplexität aufweisen, hat sich in den letzten Jahren zunehmend die Tendenz entwickelt, in möglichst kleinen Einzugsgebieten von 1 bis 2 Quadratkilometern Größe messend zu arbeiten, weil nur dann der auch hier schon große Meßaufwand überschaubar bleibt. Allerdings birgt dieses Vorgehen Nachteile, da Extrapolationen von kleinen auf mittlere oder große Vorfluter nicht direkt möglich sind. Deshalb sollten beim gegenwärtigen Stand der Forschung unbedingt mittlere Vorfluter in die Untersuchungen einbezogen werden, auch wenn diese methodisch und meßtechnisch sehr viel schwieriger zu behandeln sind. Aus diesem Grund ist von der Gruppe Heidelberg im Schwerpunktprogramm der Deutschen Forschungsgemeinschaft (Bonn) „Fluviale Morphodynamik im jüngeren Quartär" das Einzugsgebiet der Elsenz mit 542 km^2 als Untersuchungsgebiet vorgeschlagen worden. Hier sind bei einer Lauflänge von 51 km, einem mittleren Niedrigwasserabfluß (MNQ) von 1,45 m^3/s und einem Mittelwasserabfluß (MQ) von 4,4 m^3/s maximale Hochwasser von 150 m^3/s gemessen worden (Februar 1970).

Selbstverständlich sind wir in dieses Unternehmen nicht unvorbereitet eingestiegen, da wir hier in kleineren Teileinzugsgebieten bereits Messungen vorgenommen haben (DIKAU 1986, SCHAAR 1989). Zusätzlich liegen in Verbindung mit Wasserhaushaltsuntersuchungen zahlreiche Informationen zum Abfluß der Elsenz (vgl. BARSCH & FLÜGEL 1978, 1988, FLÜGEL 1979, 1988, SCHORB 1988) und ihrer holozänen Dynamik (FLÜGEL 1982) vor.

2. Das Einzugsgebiet der Elsenz

2.1 Naturräumliche Einordnung

Geomorphologie, Substrat und Vegetation des Einzugsgebietes der Elsenz werden einerseits von den Gäuflächen des nördlichen Kraichgau, andererseits vom Bergland des südlichen Odenwaldes bestimmt. Dem seit langer Zeit landwirtschaftlich genutzten, lößbedeckten, wenig reliefierten Muschelkalk- und Keupergebiet des nördlichen Kraichgau (Altsiedelland) steht damit der steilere, größtenteils bewaldete Buntsandstein-Odenwald (Jungsiedelland) gegenüber. Die Lößauflage erreicht im Kraichgau östlich des Rheingrabens mit 25 m die größten Mächtigkeiten (östlich von Wiesloch), während im Buntsandsteinbereich (vgl. Abb. 1) – der mit Höhen bis über 500 m ü. NN auch den am höchsten gelegenen Teil des Gesamteinzugsgebiets darstellt – die Mächtigkeiten gegen Null gehen. Besonders in den Arealen um 400 m ü. NN und darüber ist die Lößauflage meist so gering, daß kaltzeitliche Schuttdecken die Oberfläche bilden (BARSCH et al. 1986). Bezogen auf die südwestdeutsche Schichtstufenlandschaft ist der Verlauf der Elsenz obsequent.

2.2 Niederschlag

Der Niederschlag beträgt nach dem Klimaatlas von Baden-Württemberg (1953) im westlichen Kraichgau rd. 750 mm, im Osten ca. 700 mm und in den nördlichen und südlichen Randbereichen etwa 800 mm (Mittelwerte aus 30-jähriger Meßreihe). Eine detailliertere Darstellung der Niederschlagsverteilung im Elsenzgebiet von FLÜGEL (1988) zeigt dagegen eine Niederschlagszunahme von Süden (bei Eppingen 750 mm) nach Norden und Nordosten auf maximal 1100 mm im Buntsandsteinodenwald (NE). Legt man nur die Stark- und Dauerregen der Berechnung zugrunde, so ist die Differenzierung noch deutlicher, denn diese Werte sind im nördlichen Gebietsteil um ca. 30 % höher.

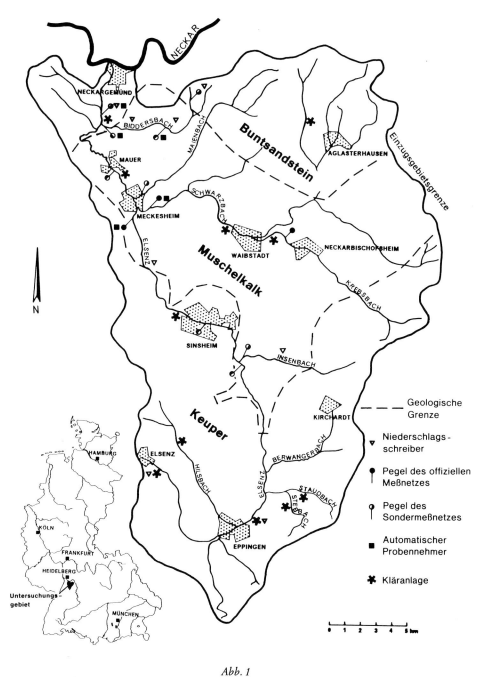

Abb. 1
Einzugsgebiet der Elsenz mit geologischem Untergrund, den größeren Zuflüssen und Siedlungen, den Kläranlagen und einem Teil des Sondermeßnetzes
Catchment of the Elsenz including geology, the main tributaries, villages, purification plants etc

2.3 Geomorphologie, Geologie und Hydrologie

Entsprechend der stärkeren Reliefierung weisen die diesem Gebiet entstammenden Zuflüsse Schwarzbach, Maienbach und Biddersbach (vgl. Abb. 1) ein deutlich höheres Gefälle auf als die Flüsse im zentralen und südlichen Teil des Einzugsgebietes. Die Elsenz oberhalb Meckesheim erreicht im Mittel mit 0,56 % nur die Hälfte des Gefälles vom Schwarzbach (1,14 %). Dies spiegelt sich im Abflußverhalten wider: das Elsenzgebiet oberhalb Meckesheim zeichnet sich durch eine größere Speicherkapazität und einen entsprechend höheren Trockenwetterabfluß aus; das Gebiet des Schwarzbaches hat dagegen einen deutlich größeren Hochwasserabfluß.

Der geologische Untergrund (siehe Abb. 1) und die tektonische Beanspruchung wirken sich auch auf die Gestaltung des Flußlaufes und der Aue aus. So wird die Subrosion des Gipskeupers entlang einer Verwerfung für die Entstehung der breiten Talaue bei Sinsheim/Rohrbach verantwortlich gemacht (THÜRACH 1896). Unterstrichen wird diese tektonische Beanspruchung durch die tertiären Vulkanite, die den 330 m hohen Steinsberg südlich von Sinsheim aufbauen.

Nach den bisherigen Untersuchungen der Talauensedimente ist die Elsenz ein System, in dem sich um ca. 4.000 B.P. vermutlich aufgrund klimatischer und anthropogener (?) Änderungen der Übergang von einer möglicherweise noch pleistozän bestimmten Kies-Sand-Dynamik zu einer reinen Schluff-Dynamik vollzogen hat (BARSCH et al. 1989).

Die Mächtigkeit der feinkörnigen Sedimente, die seit dem Neolithikum abgelagert worden sind, weist darauf hin, daß Bodenerosion möglicherweise verbunden mit Gräbenreißen schon weit vor dem 14. Jhd. aufgetreten sein muß. Dies steht im Gegensatz zu den Befunden von BORK & BORK (1987), die für Niedersachsen Gräbenreißen nur für die erste Hälfte des 14. und die zweite Hälfte des 18. Jhds. annehmen.

Die Elsenz ist dementsprechend heute durch Feinsedimenttransport und ein gewundenes Gerinnebett in kohesivem Material gekennzeichnet. Sie kann als typischer Fluß mittlerer Größe in Lößgebieten Mitteleuropas angesehen werden, der durch intensive agrarische Nutzung (Altsiedelland!) sowie modernen Siedlungs-, Infrastruktur- und Industrieausbau bestimmt wird.

2.4 Anthropogene Beeinflussung

Neben Relief und Substrat sind die Eingriffe des Menschen für das Abflußverhalten von wesentlicher Bedeutung. Diese sind zum einen durch die intensive agrarische Nutzung des Gesamteinzugsgebietes gegeben, die seit dem Neolithikum, vor allem aber seit der Römerzeit belegt ist. Besonders zu berücksichtigen ist in diesem Zusammenhang die Bodenerosion auf den landwirtschaftlichen Nutzflächen (vgl. DIKAU 1986, EICHLER 1974, QUIST 1987). Den Anteil der agrarischen Nutzfläche für das Einzugsgebiet zeigt eine Zusammenstellung der Nutzungsanteile aus dem Jahr 1982 (FLÜGEL 1982):

Ackerbaulich genutzte Fläche	240 km² = 44 %
Misch-, Laub- und Nadelwald	175 km² = 32 %
Siedlungsflächen	60 km² = 11 %
Talauen (überwiegend Grünland)	72 km² = 13 %

Dabei ist zusätzlich zu berücksichtigen, daß der Waldanteil im Buntsandsteingebiet (vgl. Abb. 1) deutlich über dem Durchschnitt liegt; somit erreicht bzw. überschreitet die agrarische Nutzfläche in den übrigen Gebieten die 50 %-Marke.

Besondere Aufmerksamkeit verdient auch der mit 11 % (steigende Tendenz!) sehr hohe Anteil an Siedlungsflächen, der nicht nur durch Versiegelung mit hohem Oberflächenabfluß, sondern auch mit Schmutzwasseranfall verbunden ist. Insgesamt 11 Kläranlagen leiten zusammen durchschnittlich 0,9 m^3/s Schmutzwasser in die Elsenz und ihre Nebenflüsse. Bei einem Elsenzabfluß am Pegel Hollmuth von weniger als 1,8 m^3/s (MNQ = 1,45 m^3/s) beträgt damit der Schmutzwasseranteil aus den Kläranlagen über 50 %. Nach den hydrologischen Dauerzahlen wird dieser Wert während ca. 2 Monaten im Jahr erreicht bzw. überschritten (BARSCH et al. 1989).

Zudem sind die Eingriffe des Menschen dauernden Veränderungen unterworfen, wie die Nutzung der Talaue der Elsenz im Laufe der letzten zwei Jahrhunderte zeigt („Aufzeichnungen des Kulturamtes Heidelberg" 1923).

Aus dem „Badischen Wasserkraftkataster" von 1927 geht hervor, daß sich zu dieser Zeit an der Elsenz insgesamt 86 Wassertriebwerke befanden. Durch diese Anlagen wurden 74,10 m oder 82 % des natürlichen Gefälles von der Rohrbacher Mühle (Rohrbach bei Sinsheim, vgl. Abb. 1) bis zur Elsenz-Mündung (= 90,19 m) genutzt. Obwohl einige Mühlen aufgegeben wurden, bestimmen die zahlreichen Stauhaltungen und Wehre auch heute noch in Form einer Kaskade das Abflußverhalten der Elsenz bei Niedrig- und Mittelwasser. Während der Wasserklemme sinkt die Abflußgeschwindigkeit daher auf unter 20 cm/s. Bei einem Hochwasser, wie es z.B. im März 1988 auftrat, müssen die Kraftwerksbetreiber die Hauptschützen ziehen, wodurch die Stauhöhe abrupt abnimmt. Es entsteht ein durchgehender Wasserspiegel, der an der Stelle der Wehre nur noch durch Spiegeldeformationen gekennzeichnet ist. Die Abflußgeschwindigkeit nimmt stark zu und erreicht Werte von stellenweise über 4 m/s. An diesen Stellen liegt dann die Kompetenz des Flusses bei 80 cm, wie die „Aufarbeitung" einer Brückenbefestigung in Mauer während des Märzhochwassers 1988 zeigte.

3. Problemstellung

In der fluvialen Geomorphologie sind vor allem im angelsächsischen Schrifttum seit dem grundlegenden Werk von LEOPOLD, WOLMAN & MILLER (1964) eine Reihe von Hypothesen und Modellen zur fluvialen Dynamik entwickelt worden, die dringend auf ihre Gültigkeit für mittlere Einzugsgebiete mit starker anthropogener Beeinflussung überprüft werden müssen. Das ist vor allem in Mitteleuropa möglich und nötig. Hier sollen zunächst 4 Problemkreise in den Vordergrund gestellt werden:
1. In der Einleitung ist bereits auf das Problem der Übertragbarkeit der Ergebnisse aus kleinen Einzugsgebieten auf größere Systeme hingewiesen worden. Als Beispiel seien die vorbildlichen Arbeiten der Holländer in Luxemburg erwähnt (z.B. DUIJSINGS 1987). In ihnen sind detaillierte Sedimenthaushalte aufgestellt worden, deren Hochrechnung auf mittlere Einzugsgebiete – die sich um mehr als 2 Größenordnungen von den kleineren unterscheiden – große Schwierigkeiten bereiten. Es muß deshalb eine Methodik für die Behandlung mittlerer Einzugsgebiete entwickelt werden, die es erlaubt, auch auf diesem Abstraktionsgrad zu weiterführenden (nicht trivialen) Aussagen zu kommen. Es ist selbstverständlich, daß damit gleichzeitig auch eine neue Bewertung der Ergebnisse aus kleinen

Einzugsgebieten erfolgen muß; eine intensive Rückkoppelung ist hier unerläßlich. Den ersten wichtigen Schritt in die hier angedeutete Richtung bildet die Erstellung eines Meßnetzes (vgl. Kap. 4), das
- überschaubar bleiben muß,
- von einem „kleinen" Mitarbeiterteam bearbeitet werden kann,
- das Gesamteinzugsgebiet sinnvoll differenziert und
- die ablaufenden wesentlichen Prozesse hinreichend zu erfassen gestattet.

2. Geometrie und aktuelle Gestaltung des Gerinnebettes werden heute umfassend diskutiert. Hierher gehören alle Fragen nach der für die Gestaltung des Gerinnebettes maßgebenden Wasserführung, der Uferstabilität (OSMAN & THORNE 1988, PIZZUTO 1986, THORNE & OSMAN 1988, WOLMAN 1959) und der Entwicklung des Flußlängsprofils (Furt-Kolk-Profil) (THOMPSON 1986, YALIN 1971, vgl. auch RICHARDS 1982 etc.).

Für natürliche Bedingungen wird beispielsweise angenommen, daß ufervoller, gerinnebettgestaltender Abfluß (Qb) im Durchschnitt alle 1,5 Jahre (LEOPOLD, WOLMAN & MILLER 1964) bzw. alle 2 Jahre (NIXON 1959) auftritt. Für die Elsenz kann das aufgrund des vorliegenden Zahlenmaterials (Qb am Pegel Hollmuth ca. 50 m^3/s) nicht bestätigt werden. Die seit 1928 vorliegenden Abflußdaten (Landesanstalt für Umweltschutz 1981) zeigen ein in sich homogenen Zeitraum bis 1970 mit etwa einem ufervollen bzw. über-ufervollen Ereignis pro Jahr. Nach 1970 treten die bordvollen Abflüsse viel seltener auf. Bis 1988 vergehen durchschnittlich 2,6 Jahre, bis es wieder zu einem ufervollen Abfluß kommt. Damit ergeben sich zu diesem Punkt folgende Fragen:
- erfolgt die Gestaltung des Gerinnebettes nur bei ufervollem Abfluß? Wenn nein,
- wie hoch ist der gerinnebettgestaltende Abfluß und wie häufig wird er erreicht?
- welche Prozesse sind an der Gerinnebettgestaltung beteiligt?
   a) Tiefenerosion und damit Änderung des Längsprofils und/oder
   b) Seitenerosion mit Änderung des Querprofils
- welche Differenzierungen ergeben sich zwischen der Elsenz unterhalb Meckesheim (Hauptfluß) und den Nebenflüssen?

3. Der Problemkreis Sedimenthaushalt umfaßt nicht nur die Bodenerosion, den Materialaustrag und die damit verbundene Gewässerbelastung, sondern auch die Bildung der Auenflächen und die Gerinnebettgestaltung. Neben dem „einfachen" Austrag aus dem System sind damit folgende Fragen von großem Interesse:
- nach der Herkunft der Sedimente, d.h.
   a) wo sind die Quellen der Sedimente (Sedimentherde) und
   b) wie ist eine Quantifizierung in einem mittleren Einzugsgebiet möglich, ferner
- nach ihrer Mobilisierung,
- nach dem Durchtransport und
- nach ihrer kurz- oder mittelfristigen Zwischenlagerung, d.h
   a) Akkumulation und Erosion auf der Auenfläche während der Überflutung, aber auch
   b) Akkumulation und Erosion im Gerinnebett während kleinerer Ereignisse.

4. Der Abflußanalyse, d.h. der Untersuchung von Aufbau und Durchlauf von Hochwasserwellen, der Fließgeschwindigkeit in verschiedenen Flußabschnitten, ihrer Dynamik in den Teileinzugsgebieten etc. kommt für mittlere Flußgebiete besondere Bedeutung zu. Dabei stellen sich bei Hochwasser in Bezug auf die Messung der Fließgeschwindigkeit oder von Erosions- und Akkumulationsvorgängen (Auskolkungsvorgängen) nicht uner-

hebliche technische Probleme. Zusätzlich umfaßt dieser Problemkreis alle Fragen der anthropogenen Veränderungen im Einzugsgebiet und im Vorfluter (vgl. ROBBINS & SIMON 1983, SIMON & HUPP 1986) – selbstverständlich mit Ausstrahlungen in alle anderen Bereiche, da diese Einwirkungen sich vor allem über den Wasserhaushalt auf die fluviale Dynamik durchpausen – so z.B.:
– welchen Einfluß hat die Stauhaltung auf die Gestaltung des Gerinnebettes, d.h. auf Flußlängs- und Querprofil und
– welche Veränderungen im Abflußgang sind eindeutig auf anthropogene Einflüsse zurückzuführen?

Durch die erst kurze Laufzeit des Projektes reichen die bisherigen Untersuchungen und Auswertungen zur Beantwortung der gestellten Fragen noch nicht aus. Mit dem intensiv beprobten Hochwasser vom März 1988 liegen jedoch erste Ergebnisse zum Sedimenttransport, zur Gerinnebettgestaltung und zur Auensedimentation vor, die im folgenden diskutiert werden.

4. Installationen

Um ein Einzugsgebiet mittlerer Größenordnung instrumentell gesamthaft, aber auch in ausgewählten Teileinzugsgebieten differenziert zu untersuchen, ist ein umfangreiches Meßnetz erforderlich. Zu diesem Zweck wurden zu Beginn des Projektes 5 Wetterhütten, 8 schreibende Niederschlagsmesser (zusätzlich ca. doppelt so viele Regenmesser) nach Hellmann, 10 schreibende Abflußpegel und 5 automatische Probennehmer mit Datalogger installiert. Dazu kommen noch die offiziellen Landespegel Schwarzbach/Eschelbronn und Elsenz/Meckesheim (vgl. Abb. 1), so daß insgesamt 12 Abflußmeßstellen zur Verfügung stehen. Um einen Teil der angesprochenen Fragen beantworten zu können, ist außerdem eine detaillierte und differenzierte Probenahme an den zahlreichen Probenahmepunkten notwendig, die nicht mit einem automatischen Probenehmer ausgestattet sind.

Da es sich hier um eine ereignisbezogene Probenahme handelt, ist in einem Einzugsgebiet dieser Größe die Mitarbeit eines engagierten Teams nötig, das auf Abruf zur Verfügung steht. Dies gilt vor allem auch für zusätzliche Messungen (Fließgeschwindigkeiten, Abfluß etc.) bei Hoch- und Niedrigwasser. Neben diesen „Routinearbeiten" wurden im Rahmen mehrwöchiger Feldkampagnen Abflußmessungen, Tracerversuche, Ufer- und Überschwemmungskartierungen und Detailvermessungen an der Elsenz und einem Großteil ihrer Zuflüsse durchgeführt. Abbildung 1 zeigt einen Teil des Sondermeßnetzes.

5. Erste Ergebnisse

5.1 Abfluß und Schwebstoff-Konzentrationen während des Hochwassers vom 12. bis 17. März 1988

Die Ursachen des Hochwassers vom 12.–17. März 1988 ergeben sich aus den in Abbildung 2 dargestellten Kurven von Temperatur, Niederschlag und Abfluß. Die Lufttemperatur liegt vom 6. bis zum 9. März fast die gesamte Zeit unter dem Gefrierpunkt, d.h. die Niederschläge sind als Schnee gefallen und der Boden ist oberflächlich durch Frost versiegelt. Am

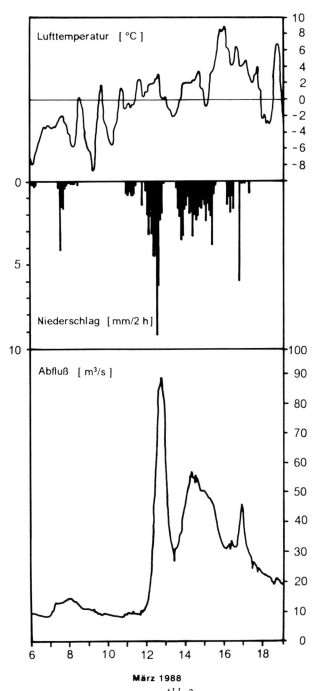

Abb. 2
Lufttemperatur und Niederschlag im Elsenzgebiet;
Abfluß an der Elsenz am Pegel Elsenz/Hollmuth vom 6.–18.3.1988
(Standort des Pegels vgl. Abb. 1)
Air Temperature and precipitation in the Elsenz catchment;
discharge at the gauge Elsenz/Hollmuth from 6 to 18 March 1988

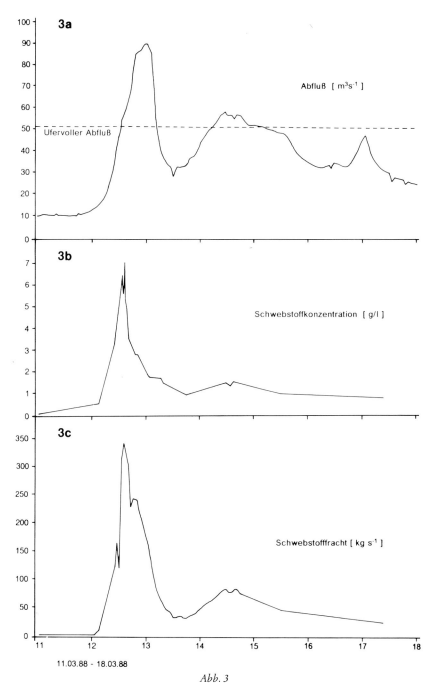

Abb. 3
Abfluß (3a), Schwebstoffkonzentration (3b) und Schwebstofffracht (3c) am Pegel Elsenz/Hollmuth während des Hochwassers vom 12.–17.3.1988
Dicharge (3a), concentration of suspended sediment (3b), suspended load (3c) at the gauge Elsenz/Hollmuth during the flood of 12 to 17 March 1988

darauf folgenden Tag (10.3.) wird diese Frostperiode durch einen Warmlufteinbruch beendet und es kommt am 11. und 12.3. zu ausgiebigen Niederschlägen, die ausschließlich als Regen fallen. Durch den Regen und die über den Gefrierpunkt steigenden Temperaturen wird zusätzlich der während der Frostperiode gefallene Schnee geschmolzen und der größte Teil des Wassers fließt auf dem überwiegend noch gefrorenen Untergrund oberflächlich ab.

Dies führt am 12.3. zu einer Hochwasserspitze mit 90 m³/s am Pegel Elsenz/Hollmuth (Pegel unterhalb Bammental, vgl. Abb. 1). Nach Aussetzen des Niederschlages am 13.3. geht der Abfluß zwar stark zurück, erreicht jedoch mit dem Einsetzen weiterer Niederschläge wieder Werte über 50 m³/s. Dieses Hochwasserereignis ist ein typischer Vertreter der im Januar, Februar und März auftretenden Schneeschmelzhochwasser.

Mit Ansteigen der Abflußganglinie am frühen Morgen des 12.3. steigt auch die Schwebstoffkonzentration steil an (vgl. Abb. 3) und erreicht am Pegel Hollmuth um 14.45 Uhr das Maximum mit über 7000 mg/l.

Die Tatsache, daß das Maximum der Schwebstoffkonzentration noch vor dem Abflußmaximum erreicht wird, ist bereits häufig beobachtet worden. Im vorliegenden Fall erlauben die mit Pegel und Probenehmer ausgestatteten Teilvorfluter eine differenzierte Betrachtung.

Die folgende Tabelle zeigt die Konzentrations- und Abflußmaxima der Hauptzuflüsse der Elsenz während des Hochwasserereignisses am 12.3.88. Der Berechnung der Fließdauer wurde eine durchschnittliche Abflußgeschwindigkeit von ca. 2 m/s zugrunde gelegt, die lokal stark variieren kann.

Tab. 1
Konzentrations- und Abflußmaxima der Elsenz und ihrer Hauptzuflüsse während des Hochwassers im März 1988
Maxima of suspended sediment concentration and maxima of discharge at the Elsenz and its main tributaries during the flood of March 1988

Fluß	Fließdauer bis Pegel Elsenz/Hollmuth [Std. bei 2m/s]	Konzentrationsmaximum			Abflußmaximum		
		Zeit	Abfluß [m³/s]	Konz. [mg/l]	Zeit	Abfluß [m³/s]	Konz. [mg/l]
Elsenz am Pegel Hollmuth	0,00	14:45	59,0	7030	23:24	89,0	2060
Biddersbach am Pegel	0,25	12:15	4,1	9840	15:00	5,4	6550
		14:00	5,2	9060			
Maienbach am Pegel	1,50	14:15	8,0	6720	16:10	9,0	4190
Ob. Elsenz Pegel am Meckesh	1,75	16:00	23,0*	3790	20:45	28,0	3600
Schwarzbach am Pegel Eschelborn	2,00	14:25	55,0*	4890	19:45	72,0	2500

* Abflußwerte der Landesanstalt für Umweltschutz

Die Elsenz und alle bedeutenden Zuflüsse erreichen die maximale Schwebstoffkonzentration zeitlich vor dem Abflußmaximum. Am Pegel Elsenz/Hollmuth ist die Differenz zwischen dem Eintreffen des Konzentrationsmaximums und dem Abflußmaximum mit ca. 8 Stunden am größten.

Den höchsten Konzentrationswert erreicht der Biddersbach um 12.15 (14.00) mit 9840 (9060) mg/l. Weder das erste noch das zweite Maximum können aufgrund der Zeitdifferenz einen Einfluß auf das Maximum am Pegel Elsenz/Hollmuth haben (Fließdauer ca. 1/4 Std.). Außerdem liegt der Abflußwert etwa um den Faktor 10 unter dem der Elsenz. Die Konzentration des Biddersbaches erfährt also bei Einmündung eine Verdünnung und trägt nur wenig zum Anstieg der Schwebstoffkurve am Pegel Hollmuth bei.

Da an den anderen Meßstellen das Konzentrationsmaximum zeitlich nur kurz vor (Maienbach u. Schwarzbach) bzw. erst nach dem Maximum am Pegel Hollmuth erreicht wird (Obere Elsenz) und da diese Spitzenwerte generell niedriger liegen, können auch sie keinen Einfluß auf das Maximum am Pegel Hollmuth haben. Da ansonsten keine anderen Zuflüsse (z.B. durch Oberflächenabfluß) beobachtet werden konnten, müssen die Sedimente aus dem Gerinnebett der Elsenz selbst stammen. In Frage kommt hier nur das kurze Gerinnebett des Schwarzbaches zwischen Pegel und der Einmündung in die Elsenz und die Laufstrecke der Elsenz unterhalb des Pegels Meckesheim. In Kap. 5.5 wird im Rahmen der Untersuchungen zur Gerinnebettgestaltung die mögliche Herkunft der Sedimente innerhalb dieses Flußabschnittes bzw. ihre Mobilisierung diskutiert.

Bei Erreichen des Spitzenabflusses am Pegel Elsenz/Hollmuth ist die Schwebstoffkonzentration bereits auf 2060 mg/l zurückgegangen. Wieviel Material zu dieser Zeit aus dem Gerinnebett und wieviel von den Flächen des Einzugsgebietes stammt, kann noch nicht differenziert bestimmt werden. Ebenfalls deutlich geringer sind die Schwebstoffkonzentrationen während der folgenden Hochwasserwelle (14./15.3.).

Der Spitzenwert der Schwebstofffracht liegt bei knapp 350 kg/s Trockenmaterial. Für die Zeit des Hochwassers (12.3.–17.3.) ergibt die Fläche unter der Kurve eine Gesamtfracht von ca. 33.000 t !

5.2 Auenüberflutung und -sedimentation

Zusätzlich zur Abflußganglinie ist in Abbildung 3a jene Marke eingetragen, bei der der ufervolle Abfluß (Qb) am Pegel Elsenz/Hollmuth mit ca. 50 m^3/s erreicht wird. Flußabwärts von Meckesheim, d.h. nach dem Zusammenfluß von oberer Elsenz, Schwarzbach und Maienbach ist das Gerinnebett nicht in der Lage, die Wassermassen abzuführen – es kommt zur Überflutung der Aue.

Im Anschluß an das Hochwasser konnte das gesamte Überflutungsareal unterhalb von Meckesheim bis zum Pegel Elsenz/Hollmuth im Rahmen eines Geländepraktikums kartiert werden (vgl. Übersichtskarte Abb. 4, nördlicher Teil). Durch Geländebeobachtungen und Stichproben wurden die Mächtigkeiten auf den Überflutungsflächen im südlichen Teil der Elsenzaue ermittelt und die Akkumulationsmengen nach diesen Angaben geschätzt. Die Akkumulationen auf den Auen der Teilvorfluter werden hier nicht berücksichtigt.

Die Detailkartierung der abgelagerten Sedimente wurde durchgeführt, um den folgenden Fragen weiter nachgehen zu können:
– Lassen die Sedimentablagerungen auf der Aue innere Differenzierungen erkennen, die für

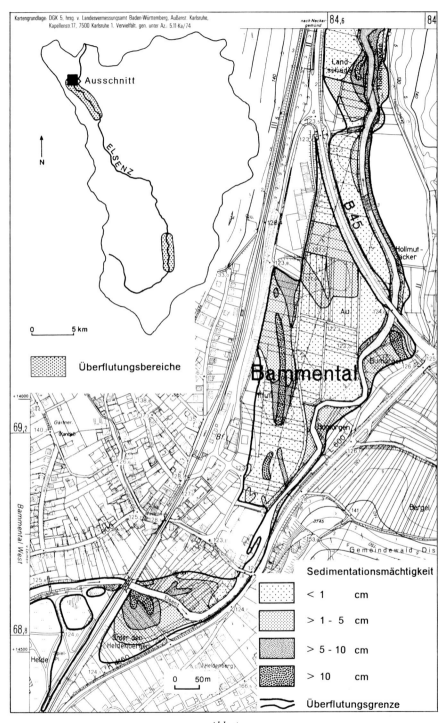

Abb. 4
Ausschnitt aus einer Kartierung der Überflutungsbereiche auf der Elsenz-Talaue nach dem Hochwasser im März 1988 mit den gemessenen Sedimentmächtigkeiten
Flooded areas of March 1988 and the thickness of the new sediments

die bessere Interpretation der holozän-historischen Auensedimente genutzt werden können ?
— Wie sieht die Gesamtbilanz des Hochwassers vom 12. – 17.3.88 aus, d.h. wieviel des in den Bächen transportierten Materials wurde auf der überfluteten Talaue wieder abgelagert und welcher Anteil wurde aus dem Einzugsgebiet heraustransportiert ?

5.3 Modell zur inneren Differenzierung der Auensedimente

Die Sedimentmächtigkeiten (Abb. 5) im Bereich der relativ engen Aue bei Bammental unterscheiden sich von denen auf der breiten Talaue bei Meckesheim und Mauer deutlich. In der „Engtalstrecke" bei Bammental betragen die Sedimentmächtigkeiten < 1 cm bis 20 cm. Auf der breiten Talaue bei Meckesheim und Mauer sind die Sedimente dagegen flächenhaft < 1 cm mächtig. Größere Mächtigkeiten kommen dort nicht vor. Zusätzlich zeigen sich auch Unterschiede in der Art der Sedimentkörper, so daß versuchsweise folgende Modellvorstellung formuliert werden kann:
— In eingeschnürten Auenbereichen, den „Engtalstrecken", mit einer maximalen Breite bis zur 1,5-fachen Breite des Mäandergürtels, kommt es einerseits zur flächenhaften und andererseits zur linienhaften Auensedimentation. Dabei können linienhafte Ablagerungsformen auf der gesamten Auenbreite entstehen. In Anlehnung an WOLMAN & LEOPOLD (1957) kann hier von einem „linienhaften Talbodenaufbau" gesprochen werden. In Sedimentkernen aus diesen Bereichen sind mächtige, deutliche Schichten wiederzufinden, die meist ein einzelnes Ereignis repräsentieren.
— In Talweitungen dagegen (Breite ein Vielfaches der Mäandergürtelbreite) kommt es zu einer flächenhaften und nahezu gleichmächtigen Sedimentation mit deutlicher Uferwall-Bildung (levee) entlang des Gerinnebettes. Bohrkerne aus diesen Auebereichen weisen i.d.R. keine Schichtung auf, weil Bioturbation die dünne Schichtung leicht zerstören kann.

5.4 Bilanzierung der Schwebstofftransporte

Um eine Gesamtbilanz für das Hochwasserereignis zu erstellen, wurden die Sedimentationsflächen ausplanimetriert und das Gesamtvolumen mit einem Faktor von 1,3 g/cm^3 (Trockendichte des abgelagerten Materials) multipliziert. Abbildung 5a zeigt die Anteile der Mächtigkeitsklassen an der gesamten Sedimentationsfläche ; Abbildung 5b stellt den relativen Anteil der Mächtigkeitsklassen an der Gesamtmenge des abgelagerten Sedimentes dar. Es fällt auf, daß die Flächenanteile exponentiell zu den größten Sedimentmächtigkeitsklassen abnehmen, obwohl die Volumina der einzelnen Klassen sich maximal um den Faktor 2 unterscheiden.

Auf der Elsenz-Aue unterhalb Meckesheim sind danach insgesamt ca. 28.000 t Material abgelagert worden. Bezieht man das Überflutungsgebiet an der oberen Elsenz mit ein, ergibt sich eine Akkumulation auf der überfluteten Elsenz-Aue von ca. 36.000 t. Zusammen mit dem Gesamtaustrag von etwa 33.000 t beträgt der effektive Bodenverlust des gesamten Elsenzgebietes ca. 69.000 t, wobei interne Umlagerungen nicht erfaßt sind. Wenn man Wald- und Siedlungsflächen einbezieht und nur die Talauenfläche nicht berücksichtigt, ergibt das einen Austrag von 147 t/km.

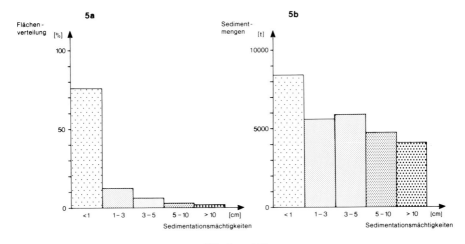

Abb. 5a und 5b
Relativer Anteil der Mächtigkeitsklassen an der gesamten Sedimentationsfläche (5a),
Anteile der Mächtigkeitsklassen an der Gesamtmenge des abgelagerten Sediments (5b)
Classes of sediment thickness in relation to sedimentation area (5a),
classes of sediment thickness in relation to the total weight of the accumulated sediments (5b)

Einen etwa halb so hohen Wert von 74 t/km² haben MOLDE & PÖRTGE (1989) für ein Schneeschmelzereignis im Wendebachgebiet östlich von Göttingen angeben. Allerdings ist das Einzugsgebiet des Wendebaches mit 37 km eine Größenordnung kleiner, so daß auch wesentlich höhere Beträge erreicht werden können; wie z.B. bei einem Starkniederschlag im Juni 1981, bei dem 530 t/km² (400 m³/km²) fluvial ausgetragen wurden (PÖRTGE 1986).

Legt man bei der Elsenz nur die landwirtschaftliche Nutzfläche der Rechnung zugrunde, ergibt sich ein Verlustbetrag von ca. 290 t/km (2,90 t/ha), d.h. ein Bodenabtrag von rd. 0,16 mm (Dichte 1,6 g/cm³) bei einem Ereignis.

Diese Umrechnung auf die Fläche ist allerdings problematisch, da zu Beginn des Ereignisses – wie erwähnt – ein Großteil des Sedimentes im Gerinnebett der Elsenz selbst mobilisiert worden ist. Über welche Zeiten dieser Teil im Gerinnebett zwischengelagert war, läßt sich noch nicht entscheiden. Falls er aus Ufer- und Betterosion stammt, dürfte es sich um eine längerfristige Zwischenlagerung handeln; stammt er jedoch aus den rezenten Einträgen durch Bodenerosion, kommt nur eine kurzfristige Speicherung in Betracht (vgl. Kap. 5.5).

Nach unseren bisherigen Untersuchungen dürfte die Aufhöhung der Elsenztalaue zwischen Meckesheim und Neckargemünd in den letzten 130 Jahren rd. 1 m betragen haben (BARSCH et al. 1989). Die Gleichungen, die die Akkumulation in diesem Flußabschnitt für das Holozän ungefähr beschreiben, ergeben sich aus den Regressionen der bisherigen Altersdatierungen:

– von ca. 10.000 – ca. 3.500 B.P. (Tiefe > 400 in cm):
    Alter = – 30261,105 + 84,028 / Tiefe

– von ca. 3.500 bis heute (400 > Tiefe > 0 in cm):
    Alter = 0,0023 / Tiefe 2,3734 (r^2 = 0,99)

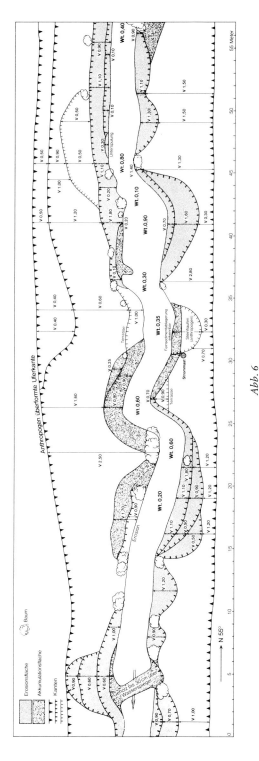

Abb. 6
Kartierung der Erosions- und Akkumulationsflächen am Biddersbach
oberhalb von Wiesenbach im April 1987
Mapping of erosion and accumulation surfaces
within the channel of the tributary Biddersbach in April 1987

Da seit 1971 nur 5 Überflutungen der Aue stattgefunden haben, ist es fraglich, ob die letztgenannte Gleichung z.Zt., d.h. für die unmittelbare Gegenwart und für die Zukunft noch gilt. Alle Erklärungen (Veränderung der Gerinnebettgeometrie, Veränderung des Abflußverhaltens, Vergrößerung der Variabilität höherer Abflüsse etc.) sind zur Zeit noch Spekulation. Denkbar wäre auch eine Art „Hurst"-Effekt (vgl. KIRKBY 1987), d.h. eine Erklärung durch die Tatsache, daß in längeren Meßreihen Perioden höherer und niedrigerer Werte auftreten. Inwieweit auch Nachwirkungen der klimatologischen Verhältnisse der sog. „kleinen Eiszeit" im letzten Jahrhundert mit verstärkten Überflutungen (vgl. KOUTANIEMI 1987) zu berücksichtigen sind, muß im Moment noch dahingestellt bleiben.

5.5 Gerinnebettgestaltung durch das Hochwasser 12.–17.3.88

Um die Fragen zur Herkunft der Sedimente aus dem Gerinnebett und deren Anteil am Gesamtaustrag zu beantworten, wurden während und nach Hochwassern am Biddersbach, Insenbach und an der Elsenz (vgl. Abb. 1) Uferkartierungen durchgeführt und an der Elsenz Sohlenlängsprofile aufgenommen. Ein Beispiel für eine entsprechende Kartierung am Biddersbach zeigt Abb.6.

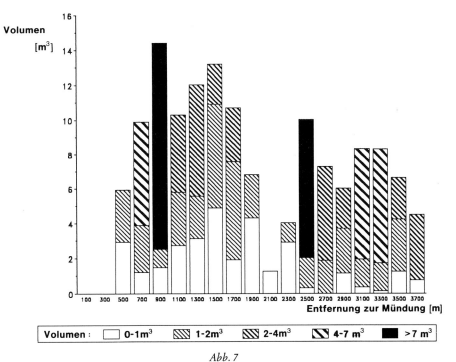

Abb. 7
Volumina der Rutschungen entlang des Insenbaches,
aufgenommen nach dem Hochwasser vom März 1988
Volume of bank erosion (slides) along the Insenbach,
mapped after the flood of march 1988

Das Ergebnis der Kartierung am Insenbach während und im Anschluß an das Hochwasser im März 1988 zeigt Abbildung 7. Vom Pegel am Insenbach (500 m vor der Mündung) wurden 3200 m Ufer beidseitig aufgenommen, d.h. das Volumen der Erosionsformen bestimmt. Sohlenerosion konnte nicht beobachtet werden. Anhand der Formen und der stellenweise noch vorhandenen Akkumulationskörper handelte es sich fast ausschließlich um Rutschungen, deren Volumina tendenziell zur Mündung zunehmen. Das Gesamtvolumen beträgt ca. 130 m^3 (= ca. 230 t). Der Austrag an Schwebfracht betrug vom 12.–17.3.88 ca. 1300 t. Der Anteil des Materials aus Ufererosion am Gesamtaustrag umfaßt demnach etwa 20 %.

Die Seitenerosion an den Nebenbächen erzeugt damit während eines Hochwassers einen wichtigen Teil der Schwebstoffbelastung im Vorfluter. Inwieweit sich diese Werte in allen Teileinzugsgebieten sowie von Hochwasser zu Hochwasser reproduzieren lassen, muß noch geprüft werden.

5.6 Sohlenlängsprofil der Elsenz

Eine direkte Übertragung dieses Ergebnisses vom Insenbach auch auf die Elsenz ist problematisch, da die mögliche Erosion an der Sohle der Elsenz nicht direkt beobachtet werden kann. Aus diesem Grund haben wir mit Hilfe eines Echographen das Sohlenlängsprofil der Elsenz zwischen Mauer und Bammental vor und nach dem Märzhochwasser 1988 aufgenommen. Aus diesem Flußabschnitt stammt ein Großteil der Sedimente, die für den starken Anstieg der Schwebstoffkonzentration zu Beginn des Hochwasserereignisses verantwortlich sind. Die Meßgenauigkeit bei 5 m Wassertiefe liegt bei +/– 2,5 cm. Der in Abb. 8 dargestellte Abschnitt des Gerinnebettes von ca. 2000 m Länge zeigt vor dem Hochwasser ein deutliches Furt-Kolk-Profil mit Tiefen zwischen 2 und 4 m. Schon bei erster Analyse ergibt sich, daß das Furt-Kolk-Profil durch Überlagerung von unterschiedlichen Wellenlängen, d.h. wohl durch die Variabilität der höheren Abflüsse, entstanden sein muß.

Die Profilaufnahme nach dem Hochwasser zeigt keine wesentlichen Veränderungen. Das kann folgende Ursachen haben:
– Die Veränderungen liegen im Bereich der Meßgenauigkeit.
– Es fand Erosion und Wiederaufsedimentieren (scour and fill) mit lokaler Stabilität der Furten und Kolke statt.
– Während des Hochwassers fand keine wesentliche Erosion im Sohlentiefsten statt.

Unter Berücksichtigung des letzten Punktes muß nach den bisherigen Erfahrungen davon ausgegangen werden, daß der bereits diskutierte starke Anstieg der Schwebstoffkonzen-

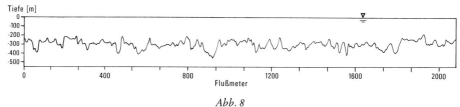

Abb. 8
Sohlenlängsprofil der Elsenz zwischen Mauer und Bammental,
aufgenommen bei Trockenwetterabfluß im Dezember 1987
Pool and riffle sequence of the Elsenz between Mauer and Bammental in December 1987

tration zu Beginn des Hochwasserereignisse vom 12.–17.3.88 am Pegel Elsenz/Hollmuth eine Folge der Erosion des Ufers und des „Uferfußes" ist.

Bisher ungeklärt ist der Einfluß der Stauhaltungen und Wehre auf das heutige Längsprofil bzw. welche Veränderungen gegenwärtig bei HQ stattfinden. Nach den gültigen Hypothesen sind die Kolke ein rhythmisches Phänomen (ca. 2,5 Flußbreite). Dies läßt sich bisher für die Elsenz nur für einzelne Flußabschnitte bestätigen.

5.7 Modell zur Ufer- und Seitenerosion

Aufgrund der Hysterese zwischen Schwebstoffkonzentrations- und Abflußmaxima und der Untersuchung verschiedener Erosionsformen an der Elsenz und ihrer Nebenflüsse ist das folgende vorläufige Modell erarbeitet worden. Die Stadien der Ufererosion ohne (Bild I–III) und mit Baumbestand (Bild IV–VI) sind in Abbildung 9 dargestellt.

Bild I gibt das Stadium vor und beim Anstieg einer Hochwasserwelle wieder. Durch die zunehmende Abflußgeschwindigkeit wird am Ufer und Uferfuß erodiert. Durch die Uferunterspülung wird die Böschung versteilt und instabil. Dies führt entweder zu einem Nachbrechen von relativ dünnen Partien entlang von Bruchflächen (vgl. Bild II) oder zur Auslösung einer Rotationsrutschung entlang der Rutschfläche (vgl. Bild III). Entlang der Elsenz sind Zugrisse noch in 6–8 m Entfernung vom Ufer beobachtet worden.

Bild II soll über die Stadien 1–4 die Entwicklungsreihe von der Bildung eines zunächst stabilen Uferfußes durch den Rutschkörper bis zu dessen Aufarbeitung und zur erneuten Uferunterspülung illustrieren. Die Aufarbeitung kann noch während desselben oder im Laufe mehrerer folgender Hochwasser geschehen. Im Anschluß kommt es erneut zu einer Unterspülung des schon versteilten Ufers.

Bild III. Durch die Unterschneidung wird die gesamte Uferböschung so instabil, daß ein mehrere Meter mächtiger Rotationskörper in Bewegung gerät. Der Rutschungsprozeß läuft i.d.R. in mehreren Phasen ab, wobei die Geschwindigkeit eine Funktion der Aufarbeitung des nachgerutschten Materials durch den Vorfluter ist.

Bild IV. Falls die Böschung bzw. das Ufer durch einen Baum befestigt ist, wird lediglich ein wenig Material aus dem Wurzelraum ausgespült. Es kommt hier nicht zum Absitzen dünner Partien, da das Ufer nicht im gleichen Maß versteilt wird.

Bild V. Erst wenn die Uferunterschneidung zu stark bzw. der Auflastdruck des Baumes zu hoch wird, geht eine Rutschung ab, deren Rutschfläche bzw. Zugrisse außerhalb des Hauptwurzelraumes ansetzen.

Bild VI dokumentiert das Aufarbeiten des nachgerutschten Materials.

Dies deutet darauf hin, daß aktuell bei Hochwasserabfluß zumindest in einigen Bereichen die Tendenz zur Verbreiterung des Gerinnebettes besteht. Ob hierbei z.B. die Vegetation für eine 2–3 fach höhere Uferstabilität sorgt (THORNE 1989) oder in wie weit sich mit den beschriebenen Prozessen und Formen eine Änderung in der rezenten fluvialen Dynamik andeutet, kann mit den bisherigen Untersuchungen noch nicht beantwortet werden.

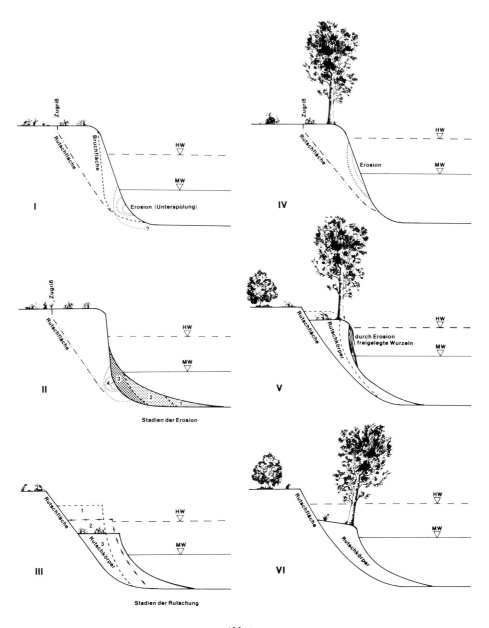

Abb. 9
Modell zur gegenwärtigen Uferentwicklung im Elsenzgebiet ohne (Bild I–III)
und mit Baumbestand (Bild IV–VI)
Model of recent bank developpment in the Elsenz catchment without trees (I–III)
and with trees (IV–VI)

6. Schlußbetrachtungen

Extremwerte in Wasserstand und Abfluß deuten erhebliche Störungen in einem fluvialen Gesamtsystems an. Im Hinblick auf die aktuelle Dynamik in einem Einzugsgebiet mittlerer Größe sind die Hochwasser von besonderem Interesse. Sie erzeugen nicht nur Überschwemmungen der Talaue (ab ca. 50 m^3/s am Pegel Elsenz/Hollmuth), sondern führen auch einen beträchtlichen Materialtransport durch. Die Bodenerosion im Löß führt durch direkten Eintrag in die Vorfluter aber auch durch Zwischendeposition im Vorfluter selbst zu einem großen Materialangebot im Schwebstoffbereich. Dabei gewinnt der Schlamm in diesen Flüssen durch die Anlagerung von Schwermetallen zusätzlich eine toxische Komponente.

Wenn auch zur Zeit noch mehr Fragen offen sind als beantwortet werden können, so zeigen die bisherigen Ergebnisse doch zwei Dinge:
1. Ein Einzugsgebiet mittlerer Größe ist mit der bisher entwickelten und angewandten Meßmethodik prinzipiell bearbeitbar.
2. Die Elsenz ist ein Fluß mit einer beachtlichen Dynamik, die bisher unterschätzt worden ist, deren Ursachen noch nicht hinreichend bekannt sind und die sich z.Zt. vermutlich in einem Umbruch befindet.

Beide Punkte sollen in den nächsten Jahren energisch bearbeitet werden. Neben einer ausführlich belegten Dokumentation der Methodik für Arbeiten in mittleren Einzugsgebieten stehen Erfassung und Analyse der aktuellen Dynamik der Elsenz im Mittelpunkt unserer Arbeiten. Dazu tritt als dritter wichtiger Problemkreis die Absicherung der Extrapolation der aktuellen Dynamik durch die Analyse der holozänen Sedimente, deren bisherige Ergebnisse hier nicht diskutiert werden konnten.

Danksagung

An dieser Stelle möchten wir allen Personen und Institutionen danken, die unsere Arbeit in den vergangenen beiden Jahren unterstützt haben. Dies ist an erster Stelle die Deutsche Forschungsgemeinschaft (DFG) in Bonn, die das Forschungsvorhaben finanziert. Dies sind darüberhinaus die Stadtverwaltungen von Sinsheim (Herr Hoffmann), von Eppingen (Herr Friedel), von Meckesheim, von Bammental und Wiesenbach, außerdem die Fa. Friedrich Ruschitzka (Zuzenhausen).

Für die Überlassung der hydrologischen Daten sind wir der Landesanstalt für Umweltschutz in Karlsruhe zu Dank verpflichtet, ebenso dem Institut für Umweltphysik der Universität Heidelberg für die Durchführung der Altersdatierungen. Weit über das normale Maß hinaus hat uns das Wasserwirtschaftsamt Heidelberg, insbesondere die Herren Römer und Fink, bei den Untersuchungen mit der Bereitstellung von Daten und Geräten unterstützt.

In Herrn Wetzel in Wiesenbach haben wir einen treuen „Mitarbeiter" gefunden, der uns immer rechtzeitig informiert hat, wenn es zu einem Hochwasser kam.

Nicht zuletzt möchten wir allen Mitarbeitern des Projektes (Herrn Baade, Frau Bippus, Herrn Gude, Frau Kadereit, Herrn Kryzer, Herrn Lang, Frau Schierbling, Herrn Schrott) danken, die oft unter harten Bedingungen bei den Arbeiten im Gelände mitgeholfen haben und Detailstudien im Rahmen ihrer Diplomarbeiten durchführen.

Literatur

BARSCH, D. & W.-A. FLÜGEL (1978): Das hydrologisch-geomorphologische Versuchsgebiet „Hollmuth" des Geographischen Instituts der Universität Heidelberg. – Erdkunde 32: 61–70.
–,–, R. MÄUSBACHER & G. SCHUKRAFT (1986): Beiträge zur Stoffbilanz der Elsenz. – Heidelberger Geowis. Abh. 5.
–,–, D. & W.-A. FLÜGEL (Hrsg.)(1988): Niederschlag, Grundwasser, Abfluß. Ergebnisse aus dem hydrologisch-geomorphologischen Versuchsgebiet „Hollmuth". – Heidelberger Geogr. Arb. 66.
–,– & R. MÄUSBACHER (1988): Zur fluvialen Dynamik beim Aufbau des Neckarschwemmfächers. – Berliner Geogr. Abh. 47: 119–128.
–,–, G. SCHUKRAFT & A. SCHULTE (1989): Die Belastung der Elsenz bei Hoch- und Niedrigwasser. – Kraichgau, Folge 11 (im Druck).
BORK, H.-R. & H. BORK (1987): Extreme jungholozäne hygrische Klimaschwankungen in Mitteleuropa und ihre Folgen. – Eiszeitalter und Gegenwart 37: 109–118.
CENTRALBUREAU FÜR METEOROLOGIE UND HYDROLOGIE (Hrsg.)(1893): Beiträge zur Hydrographie des Großherzogtums, Baden. – Druck und Verlag der G. Braun'schen Hofbuchhandlung, Karlsruhe, achtes Heft.
CHATTERS, J.C. & K.A. HOOVER (1986): Changing Late Holocene Flooding Frequencies on the Columbia River, Washington. – Quaternary Research 26: 309–320.
Deutscher Wetterdienst (Hrsg.)(1953): Klimaatlas von Baden-Württemberg. – Bad Kissingen.
–,– (1984): Deutsches Meteorologisches Jahrbuch. – Offenbach a.M.
DIKAU, R.(1986): Experimentelle Untersuchungen zu Oberflächenabfluß und Bodenabtrag von Meßparzellen und landwirtschaftlichen Nutzflächen. – Heidelberger Geogr. Arb. 81.
DUIJSINGS, J.(1987): A Sediment Budget for a Forested Catchment in Luxembourg and its Implication for Channel Development. – Earth Surface Processes and Landforms 12: 173–184.
EICHLER, H. (1974): Bodenerosion im Kraichgauer Löß. – Kraichgau, Folge 4: 174–189.
FLÜGEL, W.-A.(1979): Untersuchungen zum Problem des Interflow. – Heidelberger Geogr. Arb. 56.
–,– (1982): Untersuchungen zum mineralischen Feststoffaustrag eines Lößeinzugsgebietes am Beispiel der Elsenz, Kleiner Odenwald. – Z. f. Geomorph. N.F., Suppl.Bd. 43: 103–120.
–,– (1988): Hydrologische und hydrochemische Untersuchungen zur Wasser- und Stoffbilanz des Elsenzeinzugsgebietes im Kraichgau. – Habilitationsschrift, Heidelberg.
KIRKBY, C.M. (1987): The Hurst-Effect and its Implication for Extrapolating Processes. – Earth Surface Processes and Landforms 12: 57–67.
KOUTANIEMI, L. (1987): Little Ice Age Flooding in the Ivalojoki and Oulankajoki Valleys, Finland? – Geogr. Ann. 69 A (1): 71–83.
LANDESANSTALT FÜR UMWELTSCHUTZ (1981): Handbuch Hydrologie Baden-Württemberg. – Karlsruhe.
LEOPOLD, L.B., M.G. WOLMAN & J.P. MILLER (1964): Fluvial Processes in Geomorphology. – (Freeman) San Francisco.
MOLDE, P. & K.-H. PÖRTGE (1989): Sedimentablagerungen im Rückhaltebecken des Wendebaches – dargestellt am Beispiel eines Schneeschmelzabflusses im Winter 1986/87. – Z. f. Kulturtechnik und Landentwicklung 30: 27–37.
NIXON, M.(1959): A Study of the Bankfull Discharges of Rivers in England and Wales. – Proceedings of the Institution of Civil Engineers 12: 157–175.
OSMAN, A.M. & C.R. THORNE (1988): Riverbank Stability Analysis I: Theory. – Journal of Hydraulic Engineering, ASCE, 114(2): 134–150.
PIZZUTO, J.E.(1986): Flow Variability and the Bankfull Depth of Sand-bed Streams of the American Midwest. – Earth Surface Processes and Landforms 11: 441–450.
PÖRTGE, K.-H.(1986): Der Wendebachstausee als Sedimentfalle bei dem Hochwasser im Juni 1981. – Erdkunde 40: 146–153.
QUIST, D. (1987): Bodenerosion – Gefahr für die Landwirtschaft im Kraichgau? – Kraichgau, Folge 10: 42–62.
RICHARDS, K.(1982): Rivers. Form and Processes in Alluvial Channels. – London & New York.

ROBBINS, C.H. & A. SIMON (1983): Man-Induced Channel Adjustment in Tennessee Streams. − U.S. Geological Survey, Water-Resources Investigations Report 82: 40−98.

SCHAAR, J.(1989): Untersuchungen zum Wasserhaushalt kleiner Einzugsgebiete im Elsenztal/Kraichgau. − Heidelberger Geogr. Arb. 86 (im Druck).

SCHORB, A.(1988): Untersuchungen zum Einfluß von Straßen auf Boden-, Grund- und Oberflächenwasser am Beispiel eines Testgebietes im kleinen Odenwald. − Heidelberger Geogr. Arb. 80.

SCHOTTMÜLLER, H.(1961): Der Löß als gestaltender Faktor in der Kulturlandschaft des Kraichgaus. − Forsch. z. Deutschen Landeskunde 130.

SIMON, A. & C.R. HUPP (1986): Channel Evolution in Modified Tennessee Channels. − Proceedings of The Fourth Interagency Sedimentation Conference, Las Vegas, Nevada, Vol.2, 5.71−5.82.

STARKEL, L. & J.B. THORNES (Hrsg.)(1981): Palaeohydrology of River Basins.

THOMPSON, A.(1986): Secondary Flows and the Pool-Riffle Unit. − Earth Surface Processes and Landforms 11: 631−641.

THORNE, C.R. & A.M. OSMAN (1988): The Influence of Bank Stability on Regime Geometry of Natural Channels. − International Conference on River Regime, W.R. WHITE (Hrsg.), J.Whiley and Sons, Chichester, UK, 135−147.

−,− (1989): Effects of Vegetation on Riverbank Erosion and Stability. − Manuskript.

THÜRACH, H.(1896): Erläuterungen zu Blatt Sinsheim (Nr. 42) Geologische Spez.-Kt. Großherzogtum Baden.

WASSER- UND STRASSENBAUDIREKTION KARLSRUHE (1927): Badischer Wasserkraftkataster. − Heft Nr. 23, Elsenz mit Schwarzbach.

WOLMAN, M.G. & B. LEOPOLD (1957): River Flood Plains: Some Observations on their Formation. − Geological Survey Professional Paper 282-C.

−,− (1959): Factors Influencing the Erosion of Cohesive River Banks. − American Journal of Science 257: 204−216.

YALIN, M.S.(1971): On the Formation of Dunes and Meanders. − Proceedings of the 14th International Congress of the Hydraulic Research Association. Paris 3 C 13: 1−8.

Anschrift der Autoren

Prof. Dr. Dietrich BARSCH, Dr. Roland MÄUSBACHER, Dipl. Geogr. Gerd SCHUKRAFT, Dipl. Geogr. Achim SCHULTE, Geographisches Institut der Universität Heidelberg, Im Neuenheimer Feld 348, D-6900 Heidelberg.

Göttinger Geographische Abhandlungen, Heft 86: 33–43; Göttingen 1989

DAS VERHÄLTNIS VON FESTSTOFF- UND LÖSUNGSAUSTRAG AUS EINZUGSGEBIETEN MIT CARBONATREICHEN PLEISTOZÄNEN LOCKERGESTEINEN DER BAYERISCHEN KALKVORALPEN

Von MICHAEL BECHT, MARTIN FÜSSL,
KARL-FRIEDRICH WETZEL & FRIEDRICH WILHELM, München;

mit 6 Abbildungen und 3 Tabellen

Zusammenfassung: In den Gewässern des Lainbachgebietes bestimmen Ca^{2+} und Mg^{2+} mit 96% der Kationen die Lösungsführung. Regressionsfunktionen ermöglichen es, aus der elektrischen Leitfähigkeit die Gesamthärte zu bestimmen, aus der dann $CaCO_3$-Äquivalentwerte errechnet werden. Für Wassertemperaturen <5°C und >5°C wurden Regressionsfunktionen zur Berechnung der elektrischen Leitfähigkeit aus Abflußdaten ermittelt. So ist es möglich, aus Abflußdaten der Jahre 1971–1985 Lösungsfrachten für das Lainbachgebiet zu berechnen. Während einzelner Hochwasserabflüsse liegt der Anteil der Lösungsfracht aus den kleinen Erosionsgebieten meist unter 1% des Gesamtaustrages. In der Jahresbilanz ist das Verhältnis von Feststoff- zu Lösungsaustrag auch in Trockenjahren größer als 20:1. Der Abtrag durch Lösung beträgt hier etwa 0,08 mm/a. Die Vorfluter der Erosionsgebiete, Kotlaine und Lainbach, haben ein Verhältnis Schwebstoff- zu Lösungsaustrag von 5,28:1 und 2,04:1, sowie einen Lösungsabtrag von 0,11 mm/a und 0,10 mm/a. Der Abtrag durch Lösung im gesamten Lainbachgebiet liegt damit in der gleichen Größenordnung, die auch in anderen alpinen Einzugsgebieten gemessen wurde. Das Verhältnis von Feststoff- zu Lösungsaustrag wird von der Höhe des Direktabflusses und dem Vorhandensein von Erosionseinschnitten in Lockersedimenten bestimmt.

[The ratio of solid load and dissolved load in drainage basins with carbonatic Pleistocene loose sediments of the Bavarian marginal Limestone Alps]

Summary: The soluted load of the torrents in the Lainbach basin consists of up to 96 % of the cations Ca^{2+} and Mg^{2+}. Regression analysis makes it possible to calculate degrees of hardness and $CaCO_3$ equivalent weights from electric conductivity data. To calculate electric conductivity from run off data, regression functions for water temperatures $< 5°C$ and $> 5°C$ were investigated. Thus, it is possible to calculate dissolved load from run off data of the years 1971–1985.

Dissolved load and sediment load of two small torrents, draining erosion areas (Melcherbach 14.2 ha, Kreuzgraben 10.3 ha), were studied. The portion of dissolved load almost reached up to 1 % of the total load. Even in dry years the annual balance of sediment load and dissolved load has a ratio over 20:1. The annual amount of erosion due to solution runs up to 0.08 mm/a. In the receiving torrents, Kotlaine and Lainbach, the ratio of sediment load to dissolved load runs up to 5.28:1 and 2.04:1. The annual amount of erosion due to solution reaches 0.11 mm/a and 0.10 mm/a. Therefore, the amount of erosion due to solution in the Lainbach basin reaches the same dimension as measured in other alpine basins. Direct run off and the existence of erosion cuts in loose sediments determines the ratio of sediment load to dissolved load.

1. Einleitung

In alpinen Flußeinzugsgebieten ist der Anteil der Lösungsfracht am Gesamtabtrag zumeist geringer als die Feststofffracht (KELLER 1972, SOMMER 1980, VORNDRAN 1979). Die Bestimmung des Gesamtabtrages wird daher häufig allein auf der Basis der Quantifizierung des Feststofftransportes durchgeführt (KARL et al. 1975, JÄCKLI 1958). Der Anteil des Lösungsaustrages variiert in Abhängigkeit von der petrographischen Zusammensetzung der Gesteine im Einzugsgebiet und dem Angebot erodierbarer Lockergesteine. In Fließgewässern des Flachlandes und der Mittelgebirge ist der Feststoffaustrag erheblich niedriger als im alpinen Raum, so daß hier die relative Bedeutung der Lösungsprozesse für den Gebietsabtrag zunimmt (SCHMIDT 1981, RAUSCH 1982, AGSTER 1986).

Der Feststoffaustrag aus pleistozänen Lockersedimenten der bayerischen Kalkvoralpen wird im Lainbachgebiet in den Teileinzugsgebieten Melcherbach und Kreuzgraben gemessen (BECHT & WETZEL 1989). In der vorliegenden Arbeit soll die zeitliche und räumliche Differenzierung des Lösungsaustrages während einzelner Hochwasserabflüsse dargestellt werden. Darüber hinaus wird das Verhältnis des jährlichen Feststoffaustrages zum Lösungsaustrag untersucht.

2. Die chemische Zusammensetzung der Gewässer

In den Wasserproben der untersuchten Gewässer wurden die Konzentrationen der an der Lösungsfracht beteiligten Kationen durch ICP-AES (Inductively coupled plasma atomic emission spectrography) Analysen bestimmt. Danach sind Ca^{2+}, Mg^{2+} und $K+$ mit einem Anteil von zusammen über 98% dominierend (Abb. 2). Die Lösungskonzentrationen im Basisabfluß und die Verhältnisse von Ca^{2+} und Mg^{2+} zueinander sind Ausdruck der petrographischen Verhältnisse in den Einzugsgebieten der untersuchten Gewässer.

Im Lainbachgebiet grenzen Flyschzone im Norden und Kalkalpin mit Allgäu- und Lechtaldecke im Süden aneinander (DOBEN 1985). Pleistozäne Lockersedimente stehen bis zu einer Höhe von 1060 m ü.NN im Tal an. Die Gewässer im Lainbachgebiet gehören den Kalkstein- und Mergel-Kalk-Typen an, die PRÖSL (1985) für die nördlichen Kalkalpen nach ihren Ca/Mg-Verhältnissen unterscheidet. Kotlaine, Schmiedlaine und Lainbach erhalten Zuflüsse aus allen drei geologischen Einheiten und haben ein Ca/Mg-Verhältnis von etwa 4,4:1. Aufgrund des hohen Anteils an Hauptdolomit in den pleistozänen Sedimenten weisen Melcherbach und Kreuzgraben ein Verhältnis von etwa 3,2:1 auf. Die Lösungskonzentration im Basisabfluß ist im Gebiet der pleistozänen Sedimente am höchsten, da die feinkörnigen Ablagerungen eine hohe innere Oberfläche und im Vergleich mit den verkarsteten Kalksteinen deutlich geringere Fließgeschwindigkeiten des Grundwassers besitzen. Die elektrische Leitfähigkeit im Melcherbach steigt auf bis zu 500 µS/cm an, während an der Karstquelle der Schmiedlaine Maximalwerte von 280 µS/cm erreicht werden.

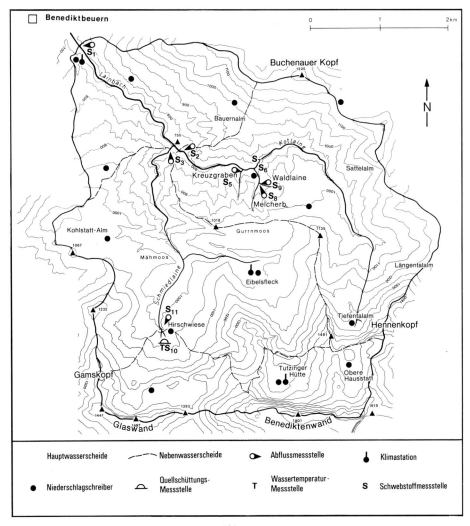

Abb. 1:
Die Instrumentierung des Lainbachgebietes
Instrumentation of the Lainbach area

Hochwasserabflüsse aus dem Bereich der pleistozänen Lockersedimente weisen einen hohen Anteil Direktabfluß auf (WAGNER 1987), so daß sich hier der Verdünnungseffekt durch Niederschlagswasser stärker auswirkt als im übrigen Teil des Lainbachgebietes. Die Extremwerte bei Hochwasserabfluß liegen wiederum am Melcherbach (min. 160 µS/cm) und an der Karstquelle der Schmiedlaine (min. 200 µS/cm).

Als weitere Einheit sind die Einzugsgebiete im Flysch anzusprechen, die sich zwar in der Lösungskonzentration ihrer Gewässer nicht wesentlich vom übrigen Gebiet unterscheiden (max. 330 µS/cm), aber ein Ca/Mg-Verhältnis von 17:1 aufweisen.

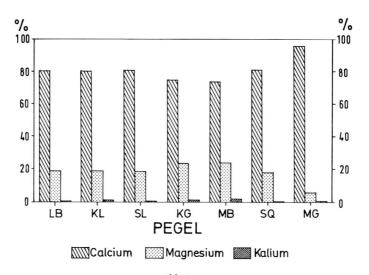

Abb. 2:
Verhältnis von Ca^{2+}, Mg^{2+} und $K+$ im Einzugsgebiet des Lainbaches
Ratio of Ca^{2+}, Mg^{2+} and $K+$ in the Lainbach drainage basin
(LB = Lainbach, KL = Kotlaine, SL = Schmiedlaine, KG = Kreuzgraben, MB = Melcherbach,
SQ = Schmiedlaine-Quelle, MG = Markgraben-Flysch)

3. Methoden zur Bestimmung der Lösungskonzentration

Sowohl ICP-AES Analysen als auch konventionelle Analysemethoden, wie Gesamthärtetitration oder Wägung der Abdampfrückstände, sind für Reihenuntersuchungen zu zeitaufwendig. Es war daher erforderlich, eine schnelle und sichere Methode zur Abschätzung der Lösungskonzentration zu finden. Es wurden korrelations- und regressionsstatistische Beziehungen zwischen elektrischer Leitfähigkeit und Abdampfrückstand hergestellt. Abbildung 3 zeigt diesen Zusammenhang am Beispiel von Melcherbach und Kreuzgraben.

Ca^{2+} und Mg^{2+} sind in allen untersuchten Gewässern mit ca. 96% der Kationen dominant. Über die Gesamthärte, die Summe aller Ca-und Mg-Verbindungen, ist es daher ebenfalls möglich, die Lösungskonzentration der Gewässer in guter Näherung zu bestimmen. Die Beziehung von elektrischer Leitfähigkeit zu Gesamthärte (Abb. 4) ergibt für das Gesamtgebiet r = 0,98 bei n = 149. Die Güte des Zusammenhangs erlaubt es, mit Hilfe von Leitfähigkeitsmessungen die Gesamthärte und damit den Lösungsaustrag zu bestimmen.

Dazu muß allerdings eine Umrechnung der Härtegrade in Stoffkonzentrationen erfolgen (HÖLTING 1984, S. 231). Weil in den Gewässern mit dem Abfluß wechselnde Ca/Mg-Verhältnisse herrschen und es aus zeitlichen Gründen nicht möglich ist Ca^{2+} und Mg^{2+} jeweils quantitativ zu bestimmen, werden $CaCO_3$-Äquivalentwerte berechnet. Dies führt aufgrund der unterschiedlichen Molmassen von Ca^{2+} und Mg^{2+} zu einer Überschätzung der Lösungskonzentration. Ein Vergleich mit Lösungskonzentrationen aus Abdampfrückständen (Tab. 1) zeigt aber, daß die Lösungskonzentrationen nach $CaCO_3$-Äquivalentwerten niedriger liegen.

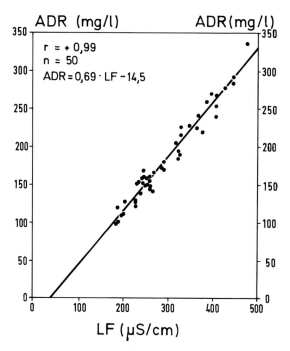

Abb. 3:
Beziehung zwischen elektrischer Leitfähigkeit und Abdampfrückstand
an den Meßstellen Melcherbach und Kreuzgraben
The statistical relationship between electric conductivity and boiling-down
residue at the gauging stations of the Melcherbach and the Kreuzgraben

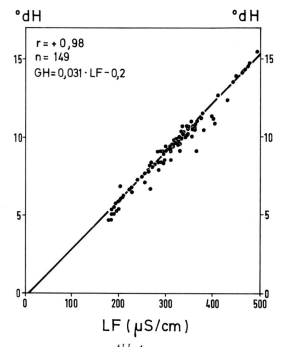

Abb. 4:
Beziehung zwischen elektrischer Leitfähigkeit und Gesamthärte
The statistical relationship between electric conductivity and the degree of hardness

Tab. 1:
*Vergleich von Abdampfrückständen (ADR) und CaCO₃-Härteäquivalenten
bei einer Leitfähigkeit von 310 µS/cm*
*The comparison of the boiling-down residue (mg/l) and the $CaCO_3$-equivalent of hardness
for an electric conductivity of 310 µS/cm*

Pegel	mg/l $CaCO^3$	mg/l ADR	Differenz
Lainbach	154,7	172,9	10,5 %
Kotlaine	154,7	171,1	9,6 %
Schmiedlaine	154,7	178,2	13,2 %
Kreuzgraben	154,7	176,1	12,2 %
Melcherbach	154,7	192,5	19,6 %

Mit der Härtetitration werden nur die Kalzium- und Magnesiumverbindungen erfaßt. Für die unerwartet hohen Konzentrationen aus den Abdampfrückständen sind einerseits die restlichen 4% Kationen mit den zugehörigen Anionen und andererseits auch mit Membranfiltern nicht abtrennbare Feststoffe verantwortlich. Darauf deutet die besonders große Differenz am Melcherbach hin, da hier die höchsten Feststoffkonzentrationen auftreten. Aufgrund der guten Korrelation zwischen Leitfähigkeit und Gesamthärte für das ganze Lainbachgebiet und den geringen Abweichungen bei der Anwendung von $CaCO_3$-Äquivalentwerten wurde dieses Verfahren zur schnellen Abschätzung der Lösungskonzentration aus Leitfähigkeitswerten gewählt.

4. Berechnung von Lösungskonzentrationen aus Abflußdaten

Der Zusammenhang zwischen elektrischer Leitfähigkeit (LF) und Abfluß (Q) läßt sich für jeden Zeitpunkt (i) mit einer Potenzfunktion ausdrücken (SCHMIDT 1984):

$$LF(i) = a \times Q(i)^{-b}$$

Mehrere Faktoren beeinträchtigen diesen Zusammenhang. Temperaturänderungen im Jahresverlauf führen zu geänderten Lösungsgeschwindigkeiten und -gleichgewichten im Boden und den Gewässern. So wurden während des Winters bei Hochwasser niedrigere Leitfähigkeiten gemessen als im Sommer. Weiter treten im Verlauf eines Hochwassers bei gleichen Abflüssen unterschiedliche Leitfähigkeiten auf. Solche Hysteresis-Effekte werden durch veränderliche Anteile der Abflußkomponenten am Gesamtabfluß hervorgerufen. Zu Beginn einer Hochwasserwelle führt ionenarmer Oberflächenabfluß zu einer starken Verdünnung des Basisabflusses. Mit zunehmender Dauer steigt der Anteil des Interflow und schließlich des Grundwassers mit höherem Elektrolytgehalt an. Dann liegen die Leitfähigkeiten bei gleichem Abfluß höher als im Anstieg der Hochwasserwelle.

Um aus Abflußdaten den Lösungsaustrag berechnen zu können, wurden Regressionsfunktionen für den Zusammenhang zwischen Abfluß und Leitfähigkeit ermittelt (Abb. 5). Der Temperatureinfluß konnte, wie die Korrelationskoeffizienten zeigen, durch getrennte Regressionsfunktionen für Wassertemperaturen <5°C und >5°C weitgehend ausgeschaltet

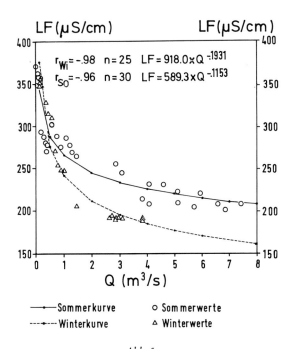

Abb. 5:
Beziehung zwischen Abfluß und elektrischer Leitfähigkeit am Pegel Kotlaine
The statistical relationship between run off and electric conductivity at the gauging station of the Kotlaine

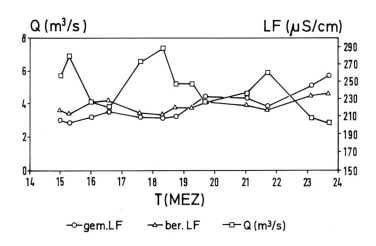

Abb. 6:
Vergleich zwischen gemessener und berechneter Leitfähigkeit
während eines Hochwassers am Pegel Kotlaine
The comparison between the measured and the calculated electric
conductivity during a single flood event at the gauging station of the Kotlaine

werden. Die Hysteresis-Effekte wurden nicht weiter berücksichtigt, da die Qualität der Korrelation mit vertretbarem Aufwand nicht zu verbessern war.

Am Beispiel des Landregen-Hochwassers vom 20.8.1988 sollen für den Pegel Kotlaine gemessene und berechnete Leitfähigkeiten und daraus ermittelte Lösungsfrachten gegenübergestellt werden. Die angesprochenen Hysteresis-Effekte werden im scherenförmigen Verlauf der beiden Leitfähigkeitskurven deutlich (Abb. 6). Aus den berechneten Leitfähigkeitswerten ergibt sich eine Lösungsfracht von 21,222 t, nach den gemessenen eine von 21,251 t $CaCO_3$-Äquivalentwerten.

Unterschiedliche hydrologische und petrographische Verhältnisse in den Einzugsgebieten machen es erforderlich, für jede Pegelstation eine eigene Abfluß/Leitfähigkeits-Beziehung zu erstellen. Damit ist es dann auch ohne Konduktographen möglich, die Lösungsfrachten der Teileinzugsgebiete aus den Abflußdaten in guter Näherung zu berechnen.

5. Lösungs- und Feststoffaustrag

5.1 Melcherbach und Kreuzgraben

In den Einzugsgebieten Melcherbach (14,2 ha) und Kreuzgraben (10,2 ha) dominiert der Feststoffaustrag aus den Erosionsanrissen in pleistozänen Lockersedimenten den Gesamtaustrag. Gerade kleine, annähernd homogene Gebiete eignen sich aber auch dafür, den Einfluß klimatologischer und hydrologischer Parameter auf den Lösungsaustrag zu untersuchen (WALLING & WEBB 1983). Nach Tabelle 2 ist im Melcherbach und Kreuzgraben der Anteil der Lösungsfracht während einzelner Hochwasserereignisse umgekehrt proportional zur Feststofffracht. Der Anteil der Lösungsfracht am Gesamtaustrag liegt in beiden Gebieten meist unter 1 %. Im Kreuzgraben werden in Abhängigkeit von der Niederschlagsintensität bei langanhaltenden Niederschlagsereignissen sowohl die höchsten als auch die niedrigsten Anteile des Lösungsaustrages erreicht, während im Melcherbach auch bei Schauerniederschlägen ein besonders geringer Lösungsaustrag gemessen wurde (Tab. 2).

Der Feststoffaustrag von den Erosionshängen steigt mit wachsender Intensität der Niederschläge und Dauer des Oberflächenabflusses. Er erreicht daher bei Gewitterschauern

Tab. 2:
*Der Anteil des Lösungsaustrages am Gesamtaustrag
während einzelner Hochwasserereignisse im Kreuzgraben und Melcherbach
The portion of dissolved load from the total load
during singular flood events at the Kreuzgraben and the Melcherbach*

Datum	Niederschlag		Kreuzgraben				Melcherbach			
	Summe (mm)	Dauer (h)	Lös.aus. (kg)	Lös.abtr. ($mm \times 10^{-6}$)	Ges.aus (kg)	Lös.aus./ Ges.aus	Lös.aus. (kg)	Lös.abtr. ($mm \times 10^{-6}$)	Ges.aus. (kg)	Lös.aus./ Ges.aus.
13.4.	67,5	22,0	322,7	1,24	54152	0,6 %	393,8	1,07	45090	0,9 %
27.7.	6,9	0,5		kein Abfluß im Kreuzgraben			7,8	0,02	580	1,3 %
2.8.	9,7	1,5	8,0	0,03	247	3,2 %	17,5	0,05	10749	0,2 %
19.8.	8,0	1,5	3,1	0,01	140	2,2 %	12,9	0,05	20625	0,1 %
20.8.	80,6	10,0	543,2	2,09	545063	0,1 %	370,7	1,01	65161	0,6 %
2.9.	26,6	9,3	117,4	0,45	757	15,5 %	169,1	0,46	1973	8,6 %

(19.8.) und kräftigen Landregenereignissen (20.8.) höchste Anteile am Gesamtaustrag aus den Testgebieten. Bei kleinen Niederschlagsintensitäten ist der Anteil des Oberflächenabflusses gering, während der Zufluß des Interflow und ionenreichen Grundwassers im Abfluß steigt, so daß die Leitfähigkeitsabnahme hier geringer ist. Der Lösungsaustrag steigt dann im Vergleich zum Feststoffaustrag stärker an (2.9.). Der Vergleich des ereignisbezogenen Lösungsabtrages in den Einzugsgebieten zeigt, daß bei kräftigen Landregenereignissen (13.4., 20.8.) im Kreuzgrabengebiet wesentlich mehr gelöste Stoffe ausgetragen werden als im Melcherbach, obwohl sich beide Gebiete petrographisch nicht unterscheiden. Dagegen scheint der Lösungsabtrag durch kleine Hochwässer (2.8., 2.9.) im Melcherbach gleich oder größer als im Kreuzgrabengebiet zu sein. Es muß gegenwärtig davon ausgegangen werden, daß das Kreuzgrabengebiet bei sehr kräftigen Hochwasserabflüssen (13.4., 20.8.) Zuflüsse ionenreichen Grundwassers aus anderen Einzugsgebieten erhält, während von kleinen Hochwasserabflüssen ein Teil in den groben Schottern des Gerinnebettes versickert und damit an der Pegelstelle nicht gemessen wird (27.7.). Damit ergibt sich einerseits eine Überschätzung des realen Lösungsabtrages im Gebiet (13.4., 20.8.) und andererseits eine Unterschätzung (27.7., 2.8.) infolge Versickerung des Abflusses. Im Melcherbachgebiet konnten im Gegensatz zum Kreuzgraben bisher keine Grundwasserzuflüsse aus anderen Einzugsgebieten nachgewiesen werden (vgl. BECHT & WETZEL 1989). Eine Versickerung des Gerinneabflusses tritt hier kaum auf, da im Verlauf der Frühjahrsschneeschmelze große Materialmengen mit Murgängen durch das Bachbett transportiert werden. Die Korngrößenverteilung des Murmaterials weist einen Ton- und Schluffgehalt in der Größenordnung des Ausgangssubstrates auf (ca. 40%). Ein großer Teil der Murkörper wird noch im Melcherbach sedimentiert und dichtet das Bachbett aufgrund des hohen Feingehaltes alljährlich ab. Die Messungen des Lösungsaustrages bestätigen damit die bereits bei der Analyse des Feststoffaustrages aus dem Melcherbach und dem Kreuzgraben festgestellten hydrologischen Unterschiede der Einzugsgebiete (BECHT & WETZEL 1989). Für eine exakte Berechnung des jährlichen Lösungs- und Feststoffaustrages ist die Datenbasis noch zu gering. Am Melcherbach wird seit August 1988 die elektrische Leitfähigkeit permanent registriert und bei Hochwässern die Ionenzusammensetzung durch Probenahme und nachfolgende Analyse bestimmt. Eine grobe Abschätzung des Lösungsaustrages im Niedrigwasserabfluß ergab eine Größenordnung von 10−20 t/a. Aufgrund der Messungen bei Hochwasserereignissen (Tab. 2) kann der jährliche Lösungsaustrag auf etwa 30 t beziffert werden, was einem Abtrag von 0.08 mm (Gesteinsdichte 2,6) entspricht. Der Wert liegt in dem Bereich, der auch für den Vorfluter des Melcherbaches, die Kotlaine, ermittelt wurde (s.u. 5.2). Der Anteil des Lösungsaustrages am Gesamtaustrag dürfte damit auch in Trockenjahren 5 % nicht überschreiten.

5.2 Der Stoffaustrag in den Vorflutern Kotlaine und Lainbach

Die Kotlaine ist der Vorfluter von Melcherbach und Kreuzgraben. Sie mündet in den eigentlichen Lainbach (Abb. 1). Für die Teileinzugsgebiete des Lainbaches und für das Gesamtgebiet liegen Abflußdaten für die Jahre 1971−1987 vor. Aufgrund des guten statistischen Zusammenhangs zwischen Abfluß und elektrischer Leitfähigkeit, kann die Lösungsführung nachträglich über die Beziehung zwischen elektrischer Leitfähigkeit und Gesamthärte berechnet werden (s.o. 3). Die jährliche Lösungsfracht wurde aus dem gemessenen mittleren jährlichen Abfluß (MQ) und der diesem Abfluß entsprechenden Lösungskonzentration errechnet und für die hydrologischen Jahre 1976 und 1983 mit der aus den Stundenwerten des Abflusses bestimmten Lösungsfracht verglichen. Der Lösungsaustrag im Jahr 1976 beträgt danach 1.560 t und liegt damit nur 7,1 % unter dem Wert von 1.680 t, der sich bei Verwendung des mittleren Jahresabflusses ergibt. Für 1983 lauten die Werte 1.630 t und 1.681 t, womit der Austrag nur um 3,1 % überschätzt wird. Das angewandte Verfahren führt also nur zu einer leichten Überschätzung des jährlichen Lösungsaustrages.

Damit wird die auch von WALLING & WEBB (1983) angesprochene Überschätzung der Jahresfracht durch z.B. wöchentliche Probenahme vermieden. Da bei seltenen Messungen die Hochwasserabflüsse mit starker Verdünnung des Basisabflusses nur unzureichend erfaßt werden können, ist der dann berechnete Wert der mittleren Lösungskonzentration zu hoch. Der mittlere jährliche Schwebstoffaustrag, der etwa 50% des mittleren Feststoffaustrages umfaßt (BECHT 1986), ist für die Jahre 1972–1985 in Tabelle 3 wiedergegeben.

Tab. 3:
Vergleich von Lösungs- und Feststoffaustrag im Kotlaine- und Lainbachgebiet
The comparison of the dissolved load and the solid load in the drainage basins of the Kotlaine and the Lainbach

Gebiet	Lainbach	Kotlaine
Einzugsgebiet	18,8 km	6,2 km
Schwebstoffaustrag	10 000 t/a	9 500 t/a
Abtrag durch Schwebstoffe	0,204 mm/a	0,589 mm/a
Lösungsaustrag	4 900 t/a	1 800 t/a
Lösungsabtrag	0,100 mm/a	0,110 mm/a
Verhältnis	2,04	5,28

Im Vergleich zu den kleinen Einzugsgebieten mit großen Feststoffherden (s.o. 5.1) ist der Anteil der Lösungsfracht im Lainbach hoch. In der Kotlaine wird der Einfluß der Erosionsgebiete deutlicher, da der Lösungsanteil unter Berücksichtigung des Geschiebes hier nur etwa 10% erreicht. Der Anteil steigt im Lainbach nach dem Zufluß der Schmiedlaine (Verhältnis Schwebstoff- zu Lösungsfracht 1,5:1) an, da die Schwebstoffbelastung der Karstwässer gering ist und nur wenige Erosionsgebiete im Unterlauf Feststoffe liefern.

Die Unterschiede im Verhältnis von Feststoff- zu Lösungsaustrag sind im Lainbachgebiet also vor allem auf den stark schwankenden Anteil des Feststoffaustrages in den Bächen zurückzuführen. Der Lösungsabtrag ist im Lainbach- und Kotlainegebiet annähernd gleich und liegt damit auch in der gleichen Größenordnung, wie in anderen kalkalpinen Einzugsgebieten: Isar bei Mittenwald 0,09 mm/a, Tiroler Ache bei Marquardstein 0,096 mm/a, Halbammer 0,15 mm/a (PRÖSL 1985). Während die absolute Größe des Lösungsabtrages vor allem von den Gesteinen im Einzugsgebiet und von der Menge des Abflusses (WALLING & WEBB 1983) abhängt, wird der Feststoffabtrag darüber hinaus von der Höhe des Direktabflusses beeinflußt. In flachen Tieflandlagen übersteigt der Anteil der Feststofffracht daher meist 20% der Gesamtfracht nicht (HASHOLT 1983), da der erosionswirksame Oberflächenabfluß hier im Vergleich zu alpinen Einzugsgebieten gering ist.

Der Vergleich randalpiner Einzugsgebiete mit den alpinen Hochlagen zeigt, daß der Lösungsabtrag in der gleichen Größenordnung liegt (bis 0,129 mm/a in den Dolomiten), während der Feststoffabtrag dort mit einem Verhältnis von 0,7:1 deutlich geringer ist (VORNDRAN 1979), da in randalpinen Einzugsgebieten pleistozäne Lockersedimente verbreitet sind.

Literatur

AGSTER, G. (1986): Ein- und Austrag sowie Umsatz gelöster Stoffe in den Einzugsgebieten des Schönbuchs.-In: Einsele, G. (Hrsg.): Das landschaftsökologische Forschungsprojekt Naturpark Schönbuch. 343–356 Weinheim.

BECHT, M. (1986): Die Schwebstoffführung der Gewässer im Lainbachtal bei Benediktbeuern/Obb. – Münchner Geogr. Abh., B2, Reihe B, München.

–,– & K.-F. WETZEL (1989): Dynamik des Feststoffaustrages kleiner Wildbäche in den Bayerischen Kalkvoralpen. – Göttinger Geographische Abhandlungen, 86: S. 45–52.

DOBEN, K. (1985): Erläuterungen zum Blatt Nr. 8334 Kochel am See. Geologische Karte von Bayern 1 : 25000. – München.

HASHOLT, B. (1983): Dissolved and Particulate Load in Danish Water Courses. – IAHS Publ., 141: 255–264.

HÖLTING, K. (1984): Hydrogeologie. Einführung in die allgemeine und angewandte Hydrologie. – 2. Auflage, Stuttgart.

JÄCKLI, H. (1958): Der rezente Abtrag der Alpen im Spiegel der Vorlandsedimentation. – Eclogae geol. Helv., 51,2.

KARL, J., SCHEURMANN, K. & J. MANGELSDORF (1975): Der Geschiebehaushalt eines Wildbachsystems, dargestellt am Beispiel der oberen Ammer. – DGM, 19, H.5: 121–132, Koblenz.

KELLER, H.M. (1972): Abflußregime und Transport gelöster Stoffe in voralpinen Einzugsgebieten. – Verhandl. d. Schweizerischen Naturforschenden Ges., 152 Jahresvers. in Luzern :236–242, Basel.

PRÖSL, K.-H. (1985): Dissolved Load of Alpine Creeks and Rivers. – Beiträge z. Hydrol., 5.1: 235–244, Kirchzarten.

RAUSCH, R. (1982): Wasserhaushalt, Feststoff- und Lösungsaustrag der Aich. – Diss. Tübingen.

SCHMIDT, K.-H. (1981): Der Sedimenthaushalt der Ruhr. – Z.f. Geomorph., Suppl.Bd. 39: 59–71.

–,– (1984): Der Fluß und sein Einzugsgebiet. – Wiesbaden.

SOMMER, N. (1980): Untersuchungen über die Geschiebe- und Schwebstoffführung und den Transport von gelösten Stoffen in Gebirgsbächen. – Intern. Symp. Interpraevent, Bd. 2: 69–94, Bad Ischl.

VORNDRAN, G. (1979): Geomorphologische Massenbilanzen. – Augsb. Geogr. H.,1.

WAGNER, O. (1987): Untersuchungen über räumlich-zeitliche Unterschiede im Abflußverhalten von Wildbächen, dargestellt an Teileinzugsgebieten des Lainbachtales bei Benediktbeuern / Oberbayern. – Münchner Geogr. Abh., Reihe B, Bd.B3.

WALLING, D.E. & B.W. WEBB (1983): The Dissolved Loads of Rivers: a Global Overview. – IAHS Publ., 141: 3–20.

Anschrift der Autoren:

Prof. Dr. Friedrich WILHELM, Dr. Michael BECHT, Dipl. Geogr. Martin FÜSSL, Dipl.Geogr. Karl-Friedrich WETZEL, Geographisches Institut der Universität München, Luisenstr. 37 II, D-8000 München 2.

Göttinger Geographische Abhandlungen, Heft 86: 45–52; Göttingen 1989

DYNAMIK DES FESTSTOFFAUSTRAGES KLEINER WILDBÄCHE IN DEN BAYERISCHEN KALKVORALPEN

Von MICHAEL BECHT & KARL-FRIEDRICH WETZEL, München

mit 5 Abbildungen und 1 Tabelle

Zusammenfassung: Die Wildbacheinzugsgebiete des Kreuzgrabens und des Melcherbaches entwässern Erosionsgebiete in pleistozänen Lockersedimenten der bayerischen Kalkvoralpen. Der Feststoffaustrag ist abhängig von der Abflußcharakteristik. So kommt es besonders im Gebiet des Kreuzgrabens bei kleinen und mittleren Hochwasserabflüssen zur temporären Sedimentation im Gerinne, da die Abflußspenden deutlich geringer sind als im Vergleichsgebiet Melcherbach. Bei starken Hochwasserabflüssen hingegen liegen die Abflußspenden im Kreuzgraben um 200–300% über denen des Melcherbachgebietes. Dann kommt es zur Ausräumung der Gerinnespeicher und zu einer starken Feststoffbelastung des Abflusses mit Material der Sand- und Kiesfraktion. Das hydrologische Verhalten des Kreuzgrabens läßt sich wahrscheinlich durch Grundwasserzuflüsse bei langanhaltenden Niederschlägen einerseits und die teilweise Versickerung des Abflusses bei kleinen Hochwasserereignissen andererseits erklären. Auch im Melcherbach findet eine temporäre Ablagerung der Sedimente im Gerinne statt. Aufgrund des ausgeglicheneren Abflusses ist die Speicherung hier nicht sehr ausgeprägt.

[The dynamik of the sediment discharge from small torrent catchments of the Bavarian border Alpes]

Summary: Sediment yield and sediment balance are studied in two small torrent catchments (Melcherbach, 14.2 ha; Kreuzgraben 10.3 ha) of the northern border Alps. Both torrents drain Pleistocene loose sediments with large erosion areas. As a consequence of the low and medium amounts of precipitation, the yield factor of the Kreuzgraben is less or equal than the yield factor of the Melcherbach. High precipitation causes a higher yield factor (200–300%) in the Kreuzgraben. The reason for the behavior of the Kreuzgraben could be infiltration of water due to a low and medium rainfall coefficient, and groundwater influx due to a high rainfall coefficient. When the yield factor of the Kreuzgraben is less than the yield factor of the Melcherbach, deposition of sediment takes place in the stream channel of the Kreuzgraben. Mobilisation and erosion of stored sediment is the consequence of a high rainfall coefficient with a higher yield factor in the Kreuzgraben than in the Melcherbach. The sediment discharge of events with mobilisation of stored sediments is characterised by a greater part of coarse grained particles (>63 µm). Accumulation and mobilisation of sediment also takes place in the Melcherbach. In the Melcherbach, however, sediment storage is not distinct, because the yield factor is relatively high due to low and medium amounts of precipitation.

1. Einleitung

Obwohl die Erosion im Bergland, vor allem im alpinen Bereich, schon seit langem als Problem bekannt ist (DAFFNER 1883, KARL & DANZ 1969), ist es bisher kaum gelungen, die aktuelle Feststofffracht der Bäche und Flüsse mit einer zufriedenstellenden Genauigkeit zu erfassen (WALLING 1974, NIPPES 1975, BECHT 1986). Mit Hilfe von linearen Einfachregressionen wurde versucht, eine statistisch abgesicherte Beziehung zwischen Abfluß- und Feststoffparametern zu erstellen, um aus Abflußmessungen auf den Feststofftransport zu schließen. Da die vielfältigen hydrologischen und geomorphologischen Einflüsse in heterogenen Einzugsgebieten nicht in diese Modelle eingehen, können bei der Prognose des Feststoffaustrages beträchtliche Fehler entstehen (WALLING 1978). Aussagen über die Auswirkungen von Eingriffen in den Naturhaushalt (z.B. forstlichen) auf die Erosion und den Feststofftransport der Gewässer, die in der Praxis erwartet werden, sind auf der Basis solcher einfacher empirisch-statistischer Modelle nicht möglich.

Es soll daher versucht werden, die Einflüsse klimatologischer, hydrologischer, geomorphologischer und botanischer Faktoren auf die Feststoffführung der Wildbäche in kleinen, weitgehend homogenen Einzugsgebieten mit starker Erosionsgefährdung zu separieren. In der vorliegenden Arbeit werden die Ursachen der unterschiedlichen Feststoffführung zweier Wildbäche, deren Einzugsgebiete ähnliche Naturraumausstattung besitzen, in den Bayerischen Kalkvoralpen untersucht.

2. Die Erosionsgebiete Melcherbach und Kreuzgraben

2.1 Geographische Lage und Naturraumausstattung

Die Wildbäche Melcherbach und Kreuzgraben und ihr Vorfluter Kotlaine liegen am Oberlauf des Lainbaches bei Benediktbeuern/Oberbayern (Abb. 1). Sie entwässern Erosionsgebiete und sind seit Jahrhunderten bedeutende Feststoffzulieferer des Lainbaches (BECHT & KOPP 1988).

Die Einzugsgebiete von Melcherbach und Kreuzgraben besitzen etwa die gleiche Größe, sind vollständig in pleistozäne Lockersedimente eingeschnitten und liegen in ähnlicher Höhe und Exposition (Tab. 1). Der Anteil vegetationsloser Flächen ist im Melcherbachgebiet grö-

Tab.1:
Daten zu den Testgebieten Melcherbach und Kreuzgraben
Data of the test sites Melcherbach and Kreuzgraben

Gebiet	Melcherbach	Kreuzgraben
Größe	14,2 ha	10,3 ha
tiefster Punkt	866 m	820 m
höchster Punkt	1031 m	1031 m
vegetationslos	21100 m²	3250 m²
Exposition	Nord	Nord
mitt. Sohlgefälle	31 %	31 %

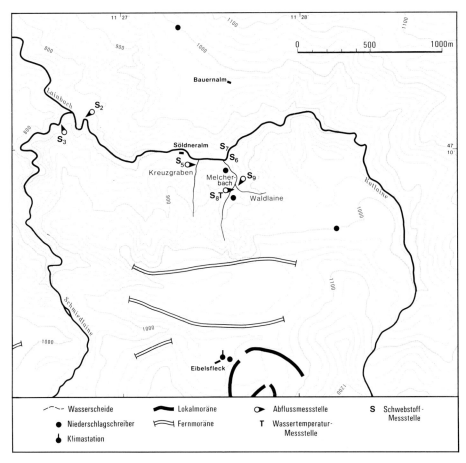

Abb. 1:
Die Instrumentierung des Untersuchungsgebietes
Instrumentation of the research area

ßer. Bedeutende Unterschiede ergeben sich im Abflußverhalten der beiden Bäche. Während im Melcherbach ein perennierendes Gewässer mit einem Trockenwetterabfluß von ungefähr 1 l/s fließt, fällt der Kreuzgraben nach Niederschlägen innerhalb einer Woche trocken.

2.2 Abflußverhalten

Im Vergleich beider Einzugsgebiete (Abb. 2) zeigt sich, daß bei gleichen Niederschlagsmengen unterschiedliche Abflußspenden erreicht werden. Es lassen sich drei Typen unterscheiden:
1. Eine geringere Abflußspende im Kreuzgraben tritt nach Niederschlagsereignissen mit einer Niederschlagssumme < 8mm unabhängig von der Vorwetterlage, also auch bei vorher nicht trocken gefallenem Gerinne, auf.

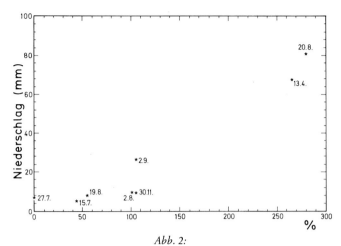

Abb. 2:
*Niederschlag und Abflußspende des Kreuzgrabens in % vom Melcherbach für einzelne Ereignisse
Rainfall and yield factor of the Kreuzgraben as a percentage of the Melcherbach yield factor
for singular flood events*

2. Gleiche Abflußspenden in beiden Gebieten ergeben sich nach Schauerniederschlägen und Landregen mit Niederschlagssummen > 8mm bis < 30mm.
3. Die Abflußspende des Kreuzgrabens liegt nach Niederschlagsereignissen von mehr als 30 mm höher als diejenige des Melcherbachgebietes. Am 13.4.1988 (67,5 mm) und am 20.8.1988 (80,6 mm) war die Abflußspende des Kreuzgrabens im Vergleich zum Melcherbachgebiet mehr als doppelt so hoch.

Der Vergleich der Abflußspenden zeigt, daß die Einzugsgebiete hydrologisch unterschiedlich reagieren. Die Unterschiede im Substrat, in der Vegetationsbedeckung, Hangneigung und im Längsgefälle der Bäche sind gering, so daß das extrem unterschiedliche Abflußverhalten daraus allein nicht zu erklären ist. Erste Hinweise auf mögliche Ursachen ergab ein Markierungsversuch, der seit Sommer 1987 in Zusammenarbeit mit dem Institut für Hydrologie der Gesellschaft für Strahlen- und Umweltforschung (GSF) zur Erforschung der Grundwasserströme in diesem Bereich der Lockersedimente durchgeführt wird. Im Sommer 1988 konnten Spuren des Fluoreszenztracers Eosin im Kreuzgrabengebiet nachgewiesen werden. Dieser Markierungsstoff wurde im Gebiet des Eibelsflecks etwa 1000 m südlich eingespeist (Abb. 1). Damit ist ein Grundwasserzustrom in das Kreuzgrabengebiet belegt. Seine Stärke und zeitliche Verteilung läßt sich zum jetzigen Zeitpunkt noch nicht angeben.

Darüber hinaus zeigen Beobachtungen des Abflußverhaltens im Längsprofil der Bäche, daß das Wasser im Gerinnebett des Kreuzgrabens bei Niedrigwasser streckenweise im Schotterkörper versickert. Das hydrologische Verhalten des Kreuzgrabens könnte daher bei geringen Niederschlägen durch die Versickerung der Abflüsse im Schotterkörper beeinflußt werden, während bei länger andauernden kräftigen Niederschlägen der Abfluß durch Grundwasserzuflüsse aus anderen Einzugsgebieten erhöht ist. Diese ersten Erklärungsansätze müssen durch weitere hydrologische Messungen sowie durch Fortführung des Markierungsversuches im Verlauf des DFG-Schwerpunktprogramms zur aktuellen fluvialen Geomorphodynamik abgesichert werden, da die Erosionsleistung und der Feststoffaustrag entscheidend durch das hydrologische Verhalten der Wildbäche geprägt werden.

3. Feststoffaustrag und Feststoffhaushalt der Wildbäche

3.1 Feststoffspende

Im Kreuzgrabengebiet ist die Feststoffspende bei einer im Vergleich zum Melcherbach gleichen oder niedrigeren Abflußspende deutlich geringer (Abb. 3). Der Anteil vegetationsloser Erosionsflächen ist im Kreuzgrabengebiet kleiner als im Melcherbachgebiet (Tab. 1). Setzt man voraus, daß der Abtrag von den vegetationslosen Erosionsflächen stammt und in beiden Gebieten gleich groß ist, so ist zu erwarten, daß im Kreuzgraben weniger Feststoffe als im Melcherbach mobilisiert werden.

Wie Abbildung 3 zeigt, trifft dies jedoch nur für Niederschlagsereignisse vom Typ 1 und 2 zu. Bei Starkregenereignissen (Typ 3) kehrt sich das Verhältnis der Feststoffspende zwischen Kreuzgraben und Melcherbach um (13.4.88 u. 20.8.88). Die Feststoffspenden der beiden Wildbäche zeigen danach ein ähnliches Verhalten, wie es für die Abflußspenden in Abschnitt 2.2 dargestellt wurde.

Ein Vergleich der Feststoffspenden der Einzugsgebiete bezogen auf die vegetationslosen Erosionsflächen (Abb. 4) ergab, daß die Werte im Kreuzgraben in der Regel sehr viel niedriger als im Melcherbachgebiet sind. Setzt man wiederum einen vergleichbaren Abtrag voraus, muß im Kreuzgraben bei geringen Abflußspenden ein Teil der erodierten Sedimente im Einzugsgebiet zurückgehalten werden, während die Sedimente im Melcherbach weitgehend aus dem Einzugsgebiet transportiert werden. Die sehr hohe Feststoffspende des Kreuzgrabengebietes bei Starkregen (Typ 3) kann dann auf die Ausräumung gespeicherter Sedimente zurückgeführt werden. Qualitative Untersuchungen der transportierten Feststoffe müssen aber zeigen, ob nicht bei Starkregenereignissen bisher inaktive Teile des Einzugsgebietes zusätzliche Feststoffe liefern.

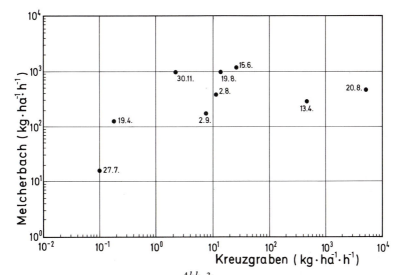

Abb. 3:
Feststoffspenden von Melcherbach und Kreuzgraben für einzelne Ereignisse bezogen auf das Gesamtgebiet
Solid load production per unit area of the Melcherbach and Kreuzgraben for singular flood events

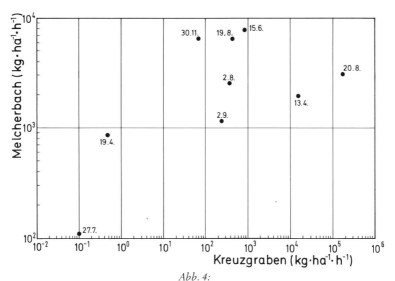

Abb. 4:
Feststoffspenden von Melcherbach und Kreuzgraben für einzelne Ereignisse
bezogen auf die vegetationslose Fläche
Solid load production per unit area without vegetation of the Melcherbach and Kreuzgraben
for singular flood events

3.2 Feststoffhaushalt

Die Messungen des Feststoffaustrages im Jahr 1988 führen zu ersten Aussagen zum Feststoffhaushalt der beiden Einzugsgebiete. Der überwiegende Teil der Sedimente wird von den vegetationslosen Erosionsflächen abgetragen. Dies zeigen die Untersuchungen an kleinen Testflächen, auf die hier nicht näher eingegangen werden soll. Korngrößenanalysen des Ausgangssubstrates ergaben, daß der Anteil der Ton- und Schlufffraktion im Mittel etwas geringer ist, als derjenige der Sand- und Kiesfraktion (55 bis 60%). Wenn bei kleinen und mittleren Hochwasserabflüssen geringere Anteile der Grobfraktion im Abfluß transportiert werden, dann muß eine Zwischenlagerung dieser Feststoffe im Gerinne oder an den unteren Erosionshängen stattfinden. Diese temporäre Ablagerung ist im Kreuzgrabengebiet sehr viel ausgeprägter als im Melcherbachgebiet, findet aber dort ebenfalls statt (Abb. 5).

Der extrem hohe Anteil der Sand- und Kiesfraktion im Kreuzgraben bei großen Hochwasserabflüssen (20.8.88) zeigt, daß die hohe Feststofführung aus diesen Gerinnerücklagen gespeist wird und nicht auf zusätzlichen Feststoffeintrag von bisher inaktiven Teilen des Einzugsgebietes zurückgeführt werden kann (s.o. 3.1). Die höhere Feststoffspende, die am 13.4. und am 20.8. auch im Melcherbach auftritt, ist ebenfalls auf die Ausräumung der im Gerinne während vorangegangener Hochwasserereignisse abgelagerten Grobsedimente zurückzuführen. Am 20.8. dominiert die Sand- und Kiesfraktion den Feststoffaustrag, ohne jedoch den extrem hohen Anteil des Kreuzgrabengebietes zu erreichen (Abb. 5).

Die Unterschiede im Feststoffhaushalt beider Einzugsgebiete lassen sich aufgrund der Ergebnisse der granulometrischen Analysen auf die hydrologischen Verhältnisse in den Bächen zurückführen (s.o. 2.2). Während der Abfluß im Melcherbach ausreicht, auch bei geringen Niederschlägen grobe Feststoffe zu transportieren (Abb. 5), setzt der Grobsedimentaustrag

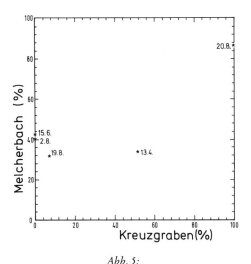

Abb. 5:
Anteil von Sand und Kies an der Gesamtfracht im Melcherbach und Kreuzgraben für einzelne Ereignisse
The portion of sand and gravel from total solid load at the Melcherbach and Kreuzgraben for singular flood events

im Kreuzgraben erst nach kräftigen Niederschlägen (Typ 3) ein. Bei kleinen und mittleren Niederschlagsereignissen wirkt das Gerinnebett als Feststoffspeicher. Die Korngrößenzusammensetzung der Feststoffe in den Wildbächen weist bei Starkregenabflüssen jahreszeitliche Unterschiede auf. Am 13.4. liegt der Anteil tonig-schluffiger Feststoffe deutlich höher als am 20.8., da das Lockergestein durch die Einwirkung des Frostes und der Feuchtigkeit des schmelzenden Schnees oberflächlich stark aufbereitet und durchfeuchtet war. Auf den noch weitgehend schneebedeckten Erosionsflächen traten am 13.4. darüber hinaus verbreitet Rutschungen auf, die weiteres Lockermaterial mit hohem Ton- und Schluffgehalt bereitstellten. Beobachtungen im Jahr 1988 zeigten, daß die an den Erosionshängen oberflächennah aufbereitete Sedimentschicht im Laufe des Sommers zu einem großen Teil abtransportiert wird, wobei sich die groben Komponenten im Gerinne anreichern. Eine temporäre Feststoffspeicherung, wie in den Gerinnen von Melcherbach und Kreuzgraben, die aufgrund der spezifischen hydrologischen Bedingungen im Kreuzgrabengebiet besonders ausgeprägt ist, konnte auch für die Vorfluter dieser Wildbäche, die Kotlaine und den Lainbach nachgewiesen werden (BECHT & WETZEL 1989). Es zeigte sich jedoch, daß in kleinen Einzugsgebieten erheblich größere Schwankungen der Feststofführung der Bäche auftreten. Die Berechnung der Feststofffracht aus den Abflußdaten mit einem einfachen Regressionsansatz, kann für kleine Wildbäche nicht ausreichen (BESCHTA 1981, BOVIS & DAGG 1988). Daher soll über einen längeren Zeitraum die Feststoffbilanz untersucht und der Einfluß hydrologischer, geomorphologischer, klimatologischer sowie botanischer Faktoren auf die Feststofffracht quantifiziert werden.

4. Ausblick

Die Untersuchungen zum Sedimenthaushalt kleiner Wildbach-einzugsgebiete werden seit Herbst 1988 ergänzt durch die Erfassung des Abflusses und Abtrags auf natürlich begrenzten Erosionsflächen (500–1800 m²) mit unterschiedlicher Vegetationsbedeckung. Gleichzeitig wird die Abtragung an den Hängen mit Denudationspegeln verfolgt. Damit wird es in Zukunft möglich sein, Bodenabtragsgleichungen, die für homogene ackerbaulich genutzte, flach geneigte Gebiete konzipiert wurden, in steilen Erosionskerben zu überprüfen und gegebenenfalls den speziellen Bedingungen in alpinen Wildbachgebieten anzupassen. Erst die Verbindung der Messungen an Testflächen mit den hier vorgestellten Untersuchungen kleiner Wildbäche führt zum Verständnis des Sedimenthaushaltes und damit auch zu der Möglichkeit, die Folgen von Eingriffen in den Naturhaushalt abschätzen zu können.

Danksagung

Die Untersuchungen zu der vorliegenden Arbeit konnten nur mit der finanziellen Unterstützung der Deutschen Forschungsgemeinschaft durchgeführt werden. Unser Dank gilt ferner Herrn Behrens und seinen Mitarbeitern vom Institut für Hydrologie der GSF, ohne deren sachkundige Hilfe die Tracerversuche zur Erkundung der Grundwasserströme nicht möglich wären. Die Flußmeisterei in Benediktbeuern trug durch vielfältige Unterstützung und die Mitarbeiter der Klimastation am Hohenpeißenberg durch gute Wetterprognosen zum Gelingen der Arbeit bei. Aber auch den studentischen Hilfskräften mit ihrem Einsatz bei jedem Wetter und zu jeder Stunde sei hier herzlich gedankt.

Literatur

BECHT, M. (1986): Die Schwebstofführung der Gewässer im Lainbachtal bei Benediktbeuern/Obb. – Münchener Geogr. Abh., Bd. B2, Reihe B, München.

–,– & M. KOPP (1988): Aktuelle Geomorphodynamik in einem randalpinen Wildbacheinzugsgebiet und deren Beeinflussung durch die Wirtschaftsweise des Menschen. – 46. Deutscher Geographentag München. Tagungsberichte und wiss. Abhandlungen: 526–534, Stuttgart.

–,– & K.-F. WETZEL (1989): Der Einfluß von Muren, Schneeschmelze und Regenniederschlägen auf die Sedimentbilanz eines randalpinen Wildbacheinzugsgebietes. – Die Erde (im Druck), Berlin.

BESCHTA, R.L. (1981): Patterns of sediment and organic-matter transport in Oregon Coast Range streams. – IAHS 132 : 179–189, Christchurch.

BOVIS, M.J. & B.R. DAGG (1988): A model for debris accumulation and mobilization in steep mountain streams. – Hydrol. Sciences Journ. 33 : 589–604.

DAFFNER, F. (1883): Geschichte des Klosters Benediktbeuern. – München.

KARL, J. & W. DANZ (1969): Der Einfluß des Menschen auf die Erosion im Bergland. – Schriftenreihe der Bayer. Landesst. f. Gewässerkunde, 1, München.

NIPPES, K.-H. (1975): Neue Möglichkeiten zur Berechnung von Schwebstofffrachten in Gebirgsbächen. – Intern. Symp. Interpraevent, 1: 63–74, Innsbruck.

WALLING, D.E. (1974): Suspended sediment and solute yields from a small catchment prior to urbanisation. – Inst. Brit. Geogr. Spec. Publ. 6: 169–192.

–,– (1978): Reliability considerations in the evaluation and analysis of river loads. – Z. f. Geomorph., Suppl. 29: 29–43, Berlin, Stuttgart.

Anschrift der Autoren:

Dr. Michael BECHT, Dipl.-Geogr. Karl-Friedrich WETZEL, Geographisches Institut der Universität München, Luisenstr. 37/II, D-8000 München 2.

Göttinger Geographische Abhandlungen, Heft 86: 53–59; Göttingen 1989

REZENTE FLUVIALE GEOMORPHODYNAMIK IN ALPINEN HOCHGEBIRGSTÄLERN UNWETTEREREIGNISSE 1987 UND 1988 IM STUBAITAL

Von REGINE BLÄTTLER, HORST HAGEDORN & ROLAND BAUMHAUER,
Würzburg

mit 4 Abbildungen

Zusammenfassung: Andauernde Starkniederschläge führten 1987 in zahlreichen Alpentäler mehrmals zu Hochwasserkatastrophen mit schweren Verwüstungen und Landschaftsschäden. Eines der betroffenen Täler war das von der Ruetz entwässerte Stubaital in Tirol. Zusammen mit dem teilweise bekannten „Normalverhalten" von Hochgebirgsflüssen bieten derartige Hochwasserereignisse die Möglichkeit einer genauen Untersuchung der rezenten inneralpinen fluvialen Morphodynamik und der aktuellen Hangprozesse. Darüber hinaus erlaubt die erst in jüngster Zeit erfolgte anthropogene Überformung (u.a. Straßen- und Brückenbauten) im Oberlauf des Stubaitales eine genauere Abschätzung dieses Eingriffs auf die Geomorphodynamik.

[Recent fluvial geomorphodynamics in alpine mountain valleys
Floods in 1987 and 1988 in the Stubai Valley/Tyrol]

Summary: In 1987 numerous alpine valleys suffered several high floods of catastrophic extent. One of these valleys to be dealt with in depth was the Stubai Valley southwest of Innsbruck, drained by the river Ruetz and its tributaries. In comparison with the partially known "normal behaviour" such flood catastrophes permit exact research into recent fluvial geomorphodynamics and current slope processes. As the Stubai Valley has only recently been restructured in its upper reaches by anthropogenic construction (roads, skiruns, bridges, etc.) the possibility is also given of assessing anthropogenic interference in the geomorphodynamics.

1. Einleitung

Im Rahmen des von der Deutschen Forschungsgemeinschaft geförderten Schwerpunktprogrammes „Fluviale Geomorphodynamik im jüngeren Quartär" werden im Stubaital/Tirol seit Mitte 1988 Untersuchungen zur rezenten fluvialen Morphodynamik in alpinen Hochgebirgstälern durchgeführt. Das Hauptinteresse gilt dabei den außergewöhnlichen Hochwasserereignissen des Jahres 1987, die zusammen mit dem „Normalverhalten" des, das Stubaital entwässernden Hochgebirgsflusses Ruetz im Verlauf des hydrologischen Jahres

Abb.: 1
Lageskizze Stubaier Alpen – Stubaital/Tirol
Map of study area showing Stubai Alps and Stubai Valley/Tyrol

genauere Untersuchungen der rezenten fluvialen Morphodynamik und auch der aktuellen Hangprozesse erlauben. Zugleich soll der Versuch einer Bilanzierung des Materialtransportes und der Formänderung sowohl beim „Normalabfluß" als auch bei einem „Jahrhundertabfluß" unternommen werden. Eine weitere zentrale Fragestellung ist die qualitative Bewertung und soweit möglich auch die Quantifizierung der Beeinflußung der rezenten Morphodynamik durch anthropogene Eingriffe.

2. Hochwasserereignisse 1987

Starke Niederschläge, die jeweils von SW über den Alpenhauptkamm gelangten und als Regen – die Nullgradgrenze der Temperatur lag weit über 3000 m – auf die stark durchfeuchtete Schneedecke bzw. auf apere Gletscherflächen fielen, führten im Juli und August 1987 in der, das Stubaital entwässernden Ruetz und einem Teil ihrer südlichen Zubringer zu extremen Abflußspitzen, die im gesamten Stubaital verheerende Schäden zur Folge hatten.

Im hinteren Stubaital kam es in den steileren Engtalstrecken zu verstärkter Erosion mit zahlreichen Uferunterschneidungen und Sohleintiefungen. In den flacheren Talweitungen wurden große Mengen Lockermaterial und Unholz ab- bzw. zwischengelagert, innerhalb deren sich der Bach einen neuen Abfluß suchte. Im vorderen Stubaital führten zahlreiche Dammbrüche zur Überflutung der Wiesen und Felder. Nach Abfluß des Wassers blieben 1–2 m mächtige Sand- und Geröllablagerungen zurück.

Noch im Herbst 1987 und im Frühjahr 1988 wurden die größten Schäden im Tal behoben und eine Reihe von Sofortschutzmaßnahmen durch die zuständige Wildbachverbauung in Angriff genommen. Diese Sofortschutzmaßnahmen waren Vorgriffe auf ein für die nächsten 10 Jahre geplantes umfangreiches Verbauungsprojekt, dessen Ziel darin besteht, Menschen, Wohnhäuser, Wirtschaftsgebäude, Fremdenverkehrseinrichtungen, Straßen, sonstige infrastrukturelle Einrichtungen vor Zerstörung, Überschotterung, Überflutung und anderen Beeinträchtigungen zu schützen.

Durch die Verbauung sollen die Bachstrecken, aus denen die Ruetz Lockermaterial aus der Sohle- bzw. aus dem Uferbereich aufnimmt, mit technischen Maßnahmen, wie Stausperren, Leitwerken, Sohlgurten und Grundschwellen gesichert und unbesiedelte Flachstrecken als natürliche Ablagerungs-, Umlagerungs- und Retentionsräume erhalten werden. Zudem soll die schadlose Ablagerung von aus Seitenbächen eingebrachtem Lockermaterial durch eine Reihe von Ablagerungsbecken gewährleistet werden (nach Auskunft und unveröffentlichten Unterlagen der Wildbach- und Lawinenverbauung Innsbruck).

Für die Auswertung der Hochwasserereignisse des Jahres 1987 mit ihren Auswirkungen auf das Flußbett wie Erosion, Akkumulation und Durchtransport, neben Zufuhr aus den Seitentälern und von den Hängen stehen von der Mitautorin erstellte Luftbildpläne und Kartierungen des gesamten Stubaitales vor und nach den „Jahrhundertabflüssen" zur Verfügung. Noch nicht vollständig abgeschlossen ist die für die Bilanzierung notwendige Einarbeitung von Daten der betreffenden Ämter der Tiroler Landesregierung. Ergänzend hierzu wurden seit Sommer 1988, jetzt bereits im Rahmen des Schwerpunktes, Detailkartierungen angefertigt und zur Kennzeichnung ausgewählter Akkumulationskörper eine Reihe von Profilen aufgenommen und beprobt.

3. Untersuchungen im Langental

Seit April 1989 laufen, ergänzend zu den Arbeiten im Haupttal, verschiedene Felduntersuchungen im Langental, einem der drei größeren, orographisch rechts mündenden Seitentäler des Stubaitales. (Abb. 1, 2 und 3).

Mit einem Einzugsgebiet von 18 km², bekannten potentiellen Materialzubringern und Lockermaterialherden, vor allem aber durch ein nach den Hochwasserereignissen 1987 erstelltes und jetzt als „idealer Filter" fungierendes Auffangbecken (vgl. Abb. 4) bot sich dieses Seitental für detaillierte und sich über ein hydrologisches Jahr hinweg erstreckende Untersuchungen zur Hang- und Fließgewässerdynamik an. Vor allem Versuche zur Bilanzierung des Materialtransportes und der Formänderung beim „Katastrophenfluß" werden im Langental begünstigt, da bereits kurz nach der Fertigstellung des Auffangbeckens und Wiederbegrü-

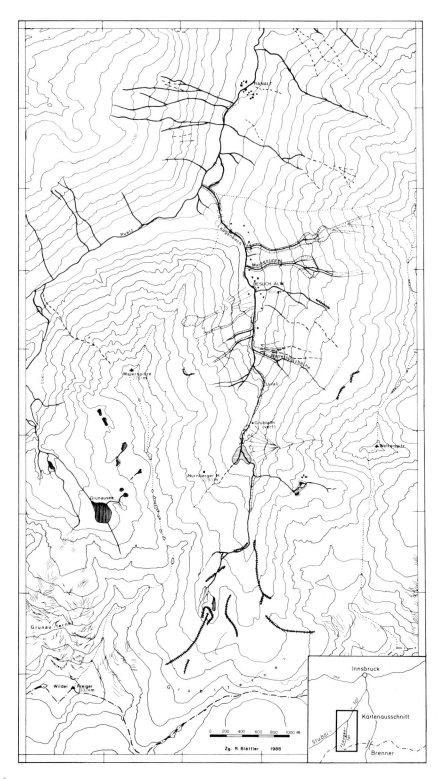

Abb.: 3
Überblick über das Stubaitaler Langental
View of the Stubai Langenbach Valley

Abb.: 2 (Links)
Stubaital/Langenbach
Map of Stubai Langenbach Valley

Legende:

Gletscher	Rinne
Moränenwälle	Uferanriß
Glaz. Verfüllung (periglaz. Stausedimente)	See
Schutt-/Murkegel	Gewässer, perennierend
Kriech- und Fließkörper im Lockergestein	Gewässer, temporär
Feilenanbruch	Schlucht
Feilenartige Rinnen in Schuttkörpern	Wasserfall

Abb.: 4
Auffangbecken oberhalb der „B'suchalm"/Langental
Reservoir in the Stubai Langenbach Valley

nung der Almflächen nach den Hochwässern 1987 im August 1988 der Langenbach infolge eines nur 5-stündigen Gewitterregens, mit Niederschlägen von ca. 50 mm (48,6 mm Station Dresdner Hütte, vorläufiger Meßwert des Hydrographischen Dienstes Innsbruck), erneut heftig abkam. Dabei wurde das Auffangbecken zu ca. 80 % verlegt und das Schloß am Ausgang des Beckens zerstört. Der im Herbst 1987 im Unterlauf kurz vor der Mündung in ein neues Bett gezwungene Langenbach brach hier erneut aus und floß, wie bei den Hochwässern 1987, wieder über die alte Abflußrinne dem Vorfluter zu. Neuerliche Räumarbeiten waren nötig, um den Langenbach in sein künstlich angelegtes Bett zurückzuleiten.

Wenige Tage nach Durchgang der Hochwasserspitze vom 20. auf den 21. August 1988 wurden die neuen Geländeverhältnisse im Langental aufgenommen und die entstandenen Landschaftsschäden dokumentiert: Wurden bei den 87er Hochwässern große Mengen an Schuttmaterial durch den Langenbach in den Vorfluter Ruetz transportiert, so blieb im August 1988 ein Großteil der durch den Langenbach aufgenommenen Schuttmengen im Auffangbecken liegen. Nur ein, im Vergleich zu 1987 kleiner Anteil wurde durch das zerstörte Schloß des Beckens zum Vorfluter abtransportiert und kam dort zur Ablagerung.

Parallel zu den Meßversuchen im Langental werden seit Frühjahr 1989 am Beispiel des Ruetzoberlaufes Einflüsse anthropogener Überformung auf die rezente fluviale Morphodynamik untersucht. Als wichtigste Arbeiten stehen dabei die Aufnahme der möglichen Veränderungen im Flußbett und an den Hängen im Vordergrund, vor allem dort, wo Siedlungsbereiche, Brückenbauten und Verkehrswege von den Hochwässern der vergangenen Jahre stark betroffen wurden.

Danksagung

Für die freundliche Unterstützung mehrerer Geländeaufenthalte sei der Bayerischen Akademie der Wissenschaften und der Deutschen Forschungsgemeinschaft herzlich gedankt; ebenso zahlreichen Tiroler Ämtern für Einsicht in Unterlagen und freundliche Zusammenarbeit.

Literatur

BLÄTTLER, R.(1984): Lawinenauswirkungen und -schutzmaßnahmen, dargestellt am Stubaital/Tirol. – Diplomarb. im Fach Geographie, Würzburg.
BLÄTTLER, R.(1986): Wald und Lawinen im Stubaital. – Jahrbuch des Vereins zum Schutz der Bergwelt.
BLÄTTLER, R.(1989): Naturkatastrophen – Unwetterereignisse 1987 und 1988 im Stubaital. – unver. Manuskript.
BUNDESAMT FÜR EICH- UND VERMESSUNGSWESEN (Hrsg.): Österreichische Karte 1 : 25000 V (ÖK 25 V) Blatt 147 Axams und 148 Brenner, Wien.
HYDROGRAPHISCHES ZENTRALBÜRO BEIM BUNDESMINISTERIUM FÜR LAND- UND FORSTWIRTSCHAFT (Hrsg.): Beiträge zur Hydrographie Österreichs.
Unveröffentlichte Unterlagen der Wildbach- und Lawinenverbauung Mittleres Inntal, Innsbruck, aus den Jahren 1980–1988.
Unveröffentlichte Unterlagen des Hydrographischen Dienstes, Innsbruck, aus den Jahren 1950–1988.

Anschrift der Autoren

Prof. Dr. Horst HAGEDORN, Dr. Roland BAUMHAUER, Dipl. Geogr. Regine BLÄTTLER, Geographisches Institut der Universität Würzburg, Am Hubland, D-8700 Würzburg.

Göttinger Geographische Abhandlungen, Heft 86: 61–79; Göttingen 1989

RÄUMLICHE UND ZEITLICHE VARIABILITÄT DER FLIESSWIDERSTÄNDE IN EINEM WILDBACH: DER LAINBACH BEI BENEDIKTBEUREN IN OBERBAYERN

Von PETER ERGENZINGER & PETER STÜVE, Berlin

mit 10 Abbildungen und 5 Tabellen

Zusammenfassung: Die Fließwiderstände eines Wildbachs sind extrem variabel. Die räumliche Variabilität folgt aus dem für steile Wildbäche (über 0,02 Gefälle) typischen Stufen-Tiefen Längsprofil. Parallel zu den Änderungen im Gefälle treten Änderungen in der Korngrößenverteilung auf. Die Rauhigkeit wurde an der 125 m langen Teststrecke bei Niedrigwasser und bei unterem Mittelwasser untersucht. Bei diesen relativ niedrigen Abflüssen verlaufen Energieverluste wie Fließwiderstände zwischen den 26 vermessenen Querprofilen recht uneinheitlich. Es gibt kein Querprofil, das für beide Abflüsse repräsentative „mittlere" Parameter aufweist. Wegen der hohen räumlichen Variabilität müssen bei Wildbächen für repräsentative Parametersätze zahlreiche Querprofile aufgenommen werden.

Zur Aufnahme der kurzfristigen Veränderungen der Flußsohle während des Durchgangs einer Hochwasserwelle wurde das „Tausendfüßler"-Konzept entwickelt. Der Tausendfüßler besteht aus einem horizontalen Rohr, das im Meßprofil den Bach überspannt. Im Abstand von 10 cm weist das Plastikrohr vertikale Bohrungen auf. Durch Lotungen im Abstand von 10 cm werden die Veränderungen der Sohle und/oder des Wasserspiegels aufgenommen. Als Maß für die Sohlrauhigkeit wird die gleitende maximale Höhendifferenz über 3 Dezimeter benutzt (k_3). Anstelle konstanter Korngrößenparameter wie D_{50} oder D_{84} werden mit dem k_3-Wert die Beträge für die spezifische Rauhigkeit oder die Mobilitätszahl errechnet. Es besteht eine sehr enge Abhängigkeit zwischen diesen Parametern und der Darcy-Weißbach Rauhigkeit.

[Spatial and temporal variations of flow resistance in a mountain river: Lainbach near Benediktbeuren, Bavaria]

Summary: The spatial and temporal variability of roughness is investigated in a steep mountain river, the Lainbach, close to Benediktbeurn in upper Bavaria. The spatial variability is due to the typical step-pool profile of the river with an average slope of above 0.02. The experimental reach at the Lainbach has a total length of 125 m. By sieving and photo-sieving the grain size distribution of two step and two pool areas was investigated. At 26 cross-profiles the variability of parameters of river geometry and hydraulics was determined during low discharge (0.4 m³/s) and below average discharge (2 m³/s). For both stages energy losses and roughness are extremely variable between the different cross sections. There is no single cross section where the conditions are representative for both stages. Because of the great spatial variability measurements at several cross sections are required to achieve representative parameters.

The analysis of temporal variations of channel shape and hydraulics necessitates adapted observation techniques. A cheap and simple device, the "Tausendfüßler", was developed. At the selected section a plastic tube is installed horizontally with holes every 10 centimeters. The distance between the level tube and the river bottom and/or the water surface is measured with a rod at every hole. The resulting numbers depict not only erosion or accretion but also roughness. As a measure for roughness height the moving maximum difference between three neighbouring measurements was determined. The resulting "k_3-numbers" are used instead of the constant grain size parameters to calculate relative roughness (R/k_3) and specific mobility. These numbers show a good relationship with Darcy-Weißbach friction.

1. Einführung

Zur Rekonstruktion vormaliger, wie zur Prognose heutiger Abflüsse sind Kenntnisse über Widerstände oder Rauhigkeiten der Flußbetten notwendig. Nur wenn die Fließwiderstände bekannt und quantifiziert sind, lassen sich beispielsweise die Beziehungen zwischen Abflußtiefe und Abflußmenge oder die Gefälleverhältnisse ableiten und prognostizieren. Während die Probleme der Rauhigkeit von Rohren bereits vor 50 Jahren gelöst wurden, gibt es zur Rauhigkeit von steilen Wildbachbetten mit extremem Grobkorn, d.h. tonnenschweren Blöcken, nur wenige Untersuchungen.

Grundlegend für die Analyse ist die qualitative Klassifikation der Flußbettrauhigkeit nach LEOPOLD, WOLMAN & MILLER (1964: 162). Die Autoren unterscheiden:
— Kornwiderstand (d.i. der Widerstand, der erzeugt wird durch die Korngrößenverhältnisse und die Lagerung der Partikel),
— Randwiderstand (d.i. der Widerstand, der durch die am Ufer oder am Rand der Bänke oder Blöcke erzeugten Wirbel und Sekundärströmungen verursacht wird),
— Strömungswiderstand (d.i. der Widerstand, der infolge von Veränderungen im Flußquerschnitt durch Beschleunigung bzw. Abbremsung an einzelnen Stellen zu hohen Energieverlusten durch Wellen und Wirbel führt).

Diese Beschreibung der Fließwiderstände paßt besser auf die Wildbachverhältnisse als die durch EINSTEIN & BARBAROSSA (1951) eingeführte einfache Differenzierung der Rauhigkeit in Korn- und Formrauhigkeit. Unter Formrauhigkeit werden dabei bevorzugt die für sandig-kiesige Flußbetten typischen Rippel- und Dünenbildungen angeführt. Der Vorteil des einfacheren Ansatzes ist seine Quantifizierbarkeit. Neuere Versuche zur quantifizierenden Beschreibung der Rauhigkeit von Schottersohlen liegen von BATHURST (1982:83—108) und von BRAY (1988) vor. Beide Autoren referieren zahlreiche Reibungsfunktionen, prüfen jeweils mit Hilfe eines Datensatzes die Ergebnisse und schlagen nach statistischen Tests die für diesen Datensatz passendste empirische Funktion vor. Die vorliegenden Datensätze zur Flußbettrauhigkeit beschreiben die örtlichen Verhältnisse nur mit Hilfe von Mittelwerten, für die räumliche und zeitliche Variabilität der Reibung von Flüssen mit Grobschottersohlen fehlen die notwendigen zeitlich und räumlich hoch auflösenden Beobachtungen und Messungen.

Am Lainbach wird die Variabilität der Fließwiderstände entlang einer Teststrecke (vgl. Abb.1 bei SCHMIDT et al. in diesem Heft) und in einem Querprofil gemessen. Die Untersuchung der räumlichen Variabilität der Widerstände erfolgte im Sommer 1988 bei Niedrig- und Mittelwasserabfluß in einer 125 m langen Teststrecke. In dem Querprofil wurde die zeitliche Variabilität des Fließwiderstandes während einer Hochwasserwelle gemessen (29.–30.7.1988). Bei den Messungen mit Niedrig- und Mittelwasserabfluß war das Flußbett stabil, Geschiebetrieb trat nur sehr untergeordnet auf. Bei der Hochwasserwelle war Geschiebetrieb zu beobachten und trug zur Rauhigkeit bei.

Der Lainbach, das hydrologische Testgebiet des Geographischen Institutes der Universität München, hat mit seinen beiden Quellbächen Kot- und Schmiedlaine eine Einzugsgebietsfläche von 18,8 km². Der Abflußgang ist typisch für den Nordrand der Alpen: maximale Abflüsse gibt es bei Schneeschmelze und nach sommerlichen Starkregen (vgl. FELIX et al. 1988). Das spezielle Testgebiet zur Gerinnemorphologie liegt direkt unterhalb der Mündung von Kot- und Schmiedlaine. Das mittlere Sohlgefälle der Teststrecke beträgt etwa 2,5 %. Örtlich wechseln die Gefälleverhältnisse des Wildbaches wegen seines typischen Stufen-Tiefen Profils stark und entsprechend veränderlich sind alle Parameter der Flußbettgeometrie, der Gerinnehydraulik und der Fließwiderstände.

2. Analysen zur räumlichen Variabilität der Fließwiderstände

Die Bestimmung der räumlichen Variabilität der Fließwiderstände erfordert eine genaue Beschreibung der Flußsohle. Eine wichtige Basis der Untersuchung sind daher geomorphologische und granulometrische Analysen des Flußbettes durch geodätische und photogrammetrische Aufnahmen. Die 125 m lange Teststrecke wurde durch ein Längsprofil und 26 Querprofile vermessen. Kennzeichnend für das Längsprofil ist eine stete Folge von Stufen und Tiefen, ein sogenanntes „step-pool" System (vgl. WHITTAKER & JAEGGI 1982). Die Tiefen oder „pools" sind bis in den anstehenden Fels hinein erodiert und werden bei Niedrigwasser durch flache Becken eingenommen. Die Stufen oder „steps" sind im Grundriß des Flußbettes durch die hier zahlreicher auftretenden Blöcke zu erkennen. Das zugehörige Gefälle wächst bis auf 10 % an (vgl. Abb. 1).

Sowohl im Längs- als auch im Querprofil verändern sich die Korngrößenverteilungen der Sedimentdecke. Typisch ist die Abpflasterung der Niedrigwasserbetten mit kopfgroßen Ge-

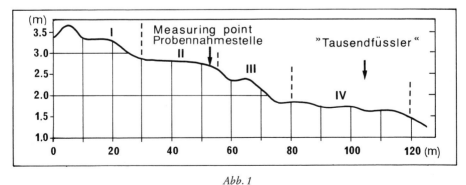

Abb. 1
Längsprofil der Teststrecke
Length section of the river bottom of the experimental reach

röllen. Feineres Material liegt in den Flußbänken und metergroße Blöcke sind in den Steilstrecken verbreitet. Das Korngrößenspektrum des Flusses ist somit extrem weit gestreut. Die Bestimmung der Korngrößen erfolgte durch verschiedene Techniken. Am Beginn und am Ende der Teststrecke wurde jeweils eine Volumenprobe aus einer Flußbank mit Hilfe der Schottersiebanlage von IBBEKEN (1974) gesiebt. In zwei Querprofilen ist das Korngrößenspektrum der Abpflasterungsdecke mit dem „Photo-Sieving-Verfahren" nach IBBEKEN & SCHLEYER (1986) aufgenommen worden. Die unterschiedlichen Korngrößenanalysen führen selbst im gleichen Querprofil zu sehr unterschiedlichen Ergebnissen. Die gesiebte Volumenprobe spiegelt das Korngrößenspektrum der Geschiebefracht einer großen Hochwasserwelle. Durch das Photo-Sieving Verfahren wird das Korngrößenspektrum der abgepflasterten Sohle wiedergegeben. Somit sind beide Ergebnisse bei der Untersuchung wichtig. Solange keine Erosion oder kein Geschiebetrieb auftritt, steuert die Abpflasterung weithin die Rauhigkeit, bei Geschiebetrieb und mobiler Sohle gewinnen die etwas geringeren Korngrößen der Volumenprobe an Bedeutung. Als Ergebnisse der unterschiedlichen Analysen sind in der Tabelle 1 die zur Beschreibung der Kornrauhigkeit häufig benutzten Parameter D_{50} und D_{84} für jeweils ein Querprofil gegenübergestellt:

Tab. 1
Korngrößenparameter ermittelt durch Sieben bzw. durch das „Photo-Sieving-Verfahren"
Grain-size parameters from sieving and photo-sieving

Teststelle	Analyseart	Korngrößenparameter	
		D_{50}(mm)	D_{84}(mm)
Teststrecke 5 m	Sieben	75	135
Teststrecke 5 m	Photosieben	160	280
Teststrecke 105 m	Sieben	60	120
Teststrecke 105 m	Photosieben	120	205

Die vorliegenden Werte entstammen Tiefen- oder „Pool"-Stellen im Längsprofil. Die ermittelten Korngrößen unterscheiden sich im Längsprofil nur unwesentlich, der Schwankungsbereich des Korngrößenspektrums ist sehr groß. Bei den Korngrößen der Abpflasterungsdecke tritt eine deutliche Verschiebung im Spektrum auf. Den durch das Sieben ermittelten Werten für D_{84} entsprechen nach dem Photosieben etwa die Werte des Korngrößenparameters D_{50}.

Diese Korngrößenspektren sind noch unvollständig, es fehlen die für die Gefällestufen typischen Blöcke. Blöcke mit b-Achsen größer 600 mm sind im Lainbach als Geschiebe zu betrachten. Ein kleiner Block mit einer b-Achse von 490 mm bewegte sich während des größten Sommerhochwassers 1988 (Abflußmenge etwa 19 m³/s) immerhin 4 m weit. Zur vollständigen granulometrischen Auswertung der Teststrecke wurden mit einer Meßkamera einerseits Schrägaufnahmen vom Ufer und andererseits Senkrechtaufnahmen von einem über die gesamte Teststrecke gespannten Kabel aus gemacht. An dem photogrammetrischen Mehrbildauswertesystem MR2 der Technischen Fachhochschule in Berlin (Lehrstuhl Prof. G. SCHULZE) wurden die Meßbilder ausgewertet. Das Ziel dieser Analysen war die lagegerechte Aufnahme aller Geschiebe mit b-Achsen größer 120 mm. Immerhin nehmen von der

Gesamtfläche der Teststrecke (994 m²) die 27 Blöcke mit b-Achsen größer als etwa 700 mm 4,1 % der Fläche ein. Diese Blöcke wirken bis zu einem Wasserstand von etwa 8 m³/s als umströmte große Rauhigkeitselemente und werden erst bei größeren Hochwässern überströmt und gegebenenfalls als Geschiebe transportiert.

Zur Bestimmung repräsentativer Korngrößenparameter wurde in einem ersten Arbeitsschritt die Teststrecke in vier Abschnitte geteilt: Die erste Gefällestufe endet bei Meter 30 und wird vom 2. Abschnitt, einem „Tiefen"-Bereich abgelöst. Bei der Probenahmestelle Meter 55 beginnt die nächste Gefällestrecke und endet nach zwei starken Gefällestufen bei Meter 80. Der unterste Pool-Bereich mit dem „1000 Füßler" endet nach Meter 120.

Tab. 2
Repräsentative Korndurchmesser D_{50} und D_{84} für Gefällestufen und Tiefenbereiche der Teststrecke
Representative grain sizes D_{50} and D_{84} for steps and pools along the experimental reach

Abschnitt	Korngrößen bestimmt durch	Repr. Korngrößen	
		D_{50}	D_{84}
m		mm	mm
0— 30 Stufe	MR2 + Siebanalyse bei 5 m	650	1380
30— 55 Tiefe	MR2 + Siebanalyse bei 5 m	320	645
55— 80 Stufe	MR2 + Siebanalyse bei 110 m	805	1710
80—120 Tiefe	MR2 + Siebanalyse bei 110 m	290	535

Das repräsentative Korngrößenspektrum wurde zusammengesetzt aus dem Flächenanteil der Blöcke und ihres Korngrößenspektrums (MR2-Analyse) und dem Spektrum der jeweils nächstliegenden Photo-Siebanalyse. Es wurde dabei die nicht durch Blöcke gefüllte Fläche mit den Daten der benachbarten Korngrößenanalysen „gefüllt". Die Kornsummenkurven der einzelnen Flußabschnitte und die Siebkurven sind in der Abbildung 2 zusammengestellt. Es besteht ein enger Zusammenhang zwischen der Korngrößenverteilung und dem Sohlgefälle, d.h. im Längsprofil verändert sich auch über kurze Strecken die Kornrauhigkeit. Durch weitere Korngrößenanalysen müssen diese Verhältnisse noch genauer aufgenommen werden.

Der Einfluß des Flußbettes auf die Gerinnehydraulik wurde 1988 bei Niedrigwasser mit Q = 0,4 m³/s und Mittelwasser mit Q = 2 m³/s untersucht. In 25 Querprofilen ist jeweils der folgende Parametersatz aufgenommen worden:
— Vertikalprofil der Geschwindigkeit (v) im Bereich der tiefsten Stelle,
— Querprofilaufnahme,
— Sohlgefälle vom tiefsten Punkt des Querprofiles zu den tiefsten Punkten in den benachbarten Querprofilen (Jb).

Bei bekannter Abflußmenge (Q) wurden daraus die folgenden Parameter abgeleitet:
— Hydraulischer Radius: R= Querschnittsfläche/benetzter Grund,
— Mittlere Fließgeschwindigkeit: V̄,
— Topographische Höhe: h,
— Geschwindigkeitshöhe: $H_v = V^2/2g$,
— Druckhöhe: H_d= mittlere Tiefe d,

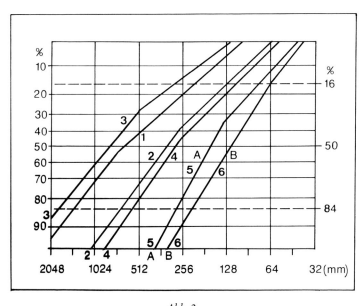

Abb. 2
Kornsummenkurven für Teilabschnitte der Teststrecke:
1 und 3: Kornsummenkurven für die Stufenstrecken
2 und 4: Kornsummenkurven für die Tiefenstrecken
5 und 110: Kornsummenkurven ermittelt durch das Photosieben bei Meter 5 und 110
Grain size distribution for distinctive parts of the experimental reach:
1 and 3: grain size distribution for step reaches
2 and 4: grain size distribution for pool reaches
5 and 110: grain size distribution according the photo-sieving at meter 5 and 110 of the experimental reach

- Energieverlusthöhe: H_e,
- Energieliniengefälle: J_e,
- Froudezahl: $F = V^2/g\, d$,
- Fließwiderstand nach Darcy-Weißbach: $f = 8g\, d\, J_e/V^2$,
- Relative Rauhigkeit: R/D_{84},
- Mobilitätszahl oder Froudezahl des repräsentativen Korndurchmessers: $F_{D50} = V^2/g\, D_{50}$,
- Scherspannung: $= R\, J_e$.

Der entsprechende Parametersatz ist in den Tabellen 3 und 4 für den Niedrigwasser- und den Mittelwasserabfluß zusammengestellt. Im Durchschnitt des Längsprofiles nimmt bei einer Zunahme des Abflusses von 0,6 auf 2 m³/s der Fließwiderstand nach Darcy-Weißbach ($1/f^{0,5}$) von 2 nach 3 ab. Die Ursachen dafür liegen weniger in Unterschieden der Geschwindigkeit als in Unterschieden im Energieliniengefälle. Es ist sehr schwierig im Längsprofil die Stellen zu bestimmen, die mittlere Rauhigkeiten aufweisen. Die entsprechenden Stellen variieren bei unterschiedlichen Abflüssen. Um repräsentative Rauhigkeiten zu bestimmen, sind bei Wildbächen je nach den Unterschieden von Gefälle, Tiefen und mittleren Abflußgeschwindigkeiten sicherlich 10 und mehr hydraulische Aufnahmen an unterschiedlichen Querprofilen notwendig.

Tab. 3
Gemessene und abgeleitete hydraulische Parameter
bei einer Wasserführung von Q = 0,60 m³/s
Measured and calculated hydraulic Parameters
at a discharge of Q = 0.60 m³/s

Messung 26.08., Pegel 31 cm, Abfluß Q = 0,60 m³/s

Nr	Entf.	mittl. Fließ- geschwk. $\bar{v}$ m/s	hydr. Radius R m	Gefälle Sohle Jb m/m	Gefälle Energie- linie Je m/m	Gefälle höhe He m	Froude Zahl Fr	Fließ- wider- stand $f^{-0,5}$	Shear- stress τ	Rauhig- keits- maß R/D_{84}
		10	9	11	13	15	16	17	18	20
1	0	0,69	0,248	0,0649	0,0507	0,29	0,44	0,69	123,7	0,97
2	5	0,83	0,183	0,0145	0,0058	0,22	0,62	2,90	10,4	0,72
3	10	1,05	0,131	0,0377	0,0393	0,19	0,93	1,66	50,7	0,51
4	15	0,77	0,147	0,0082	0,0110	0,18	0,64	2,14	15,9	0,58
5	20	0,84	0,127	0,0074	0,0074	0,17	0,75	3,06	9,2	0,50
6	25	1,17	0,165	0,0593	0,0440	0,24	0,92	1,54	71,4	0,65
7	30	0,92	0,214	0,0309	0,0236	0,28	0,64	1,46	49,7	0,84
8	35	0,81	0,187	0,0080	0,0181	0,23	0,60	1,38	33,3	0,73
9	40	0,74	0,202	0,0035	0,0018	0,24	0,53	4,40	3,5	0,79
10	45	0,61	0,131	0,0008	0,0230	0,15	0,54	1,25	29,6	0,51
11	50	0,70	0,105	0,0076	0,0113	0,13	0,69	2,29	11,7	0,41
12	55	0,77	0,134	0,0310	0,0227	0,17	0,69	1,58	29,9	0,53
13	60	1,25	0,103	0,0385	0,0280	0,23	1,24	2,67	28,4	0,40
14	65	0,77	0,163	0,0128	0,0204	0,20	0,61	1,52	32,7	0,64
15	70	0,82	0,134	0,0441	0,0483	0,18	0,71	1,15	63,7	0,53
16	75	0,69	0,213	0,0917	0,0608	0,26	0,48	0,69	127,4	0,84
17	80	0,50	0,236	0,0029	0,0029	0,26	0,33	2,14	6,7	0,93
18	85	0,97	0,142	0,0044	0,0089	0,20	0,82	3,10	12,4	0,56
19	90	0,58	0,183	0,0196	0,0239	0,20	0,44	1,00	43,0	0,72
20	95	0,54	0,185	0,0014	0,0014	0,20	0,40	3,78	2,5	0,73
21	100	0,59	0,175	0,0067	0,0033	0,19	0,45	2,77	5,7	0,69
22	105	0,68	0,134	0,0162	0,0216	0,16	0,60	1,43	28,5	0,53
23	110	0,64	0,114	0,0010	0,0066	0,14	0,60	2,67	7,4	0,45
24	115	0,68	0,132	0,0059	0,0029	0,16	0,59	4,08	3,8	0,52
25	120	0,55	0,176	0,0291	0,0229	0,19	0,42	0,98	39,7	0,69
26	125	0,58	0,185	0,0444	0,0467	0,18	0,44	0,72	85,0	0,73

In den Abbildungen 3 bis 5 sind wesentliche Meßergebnisse dargestellt. Von entscheidender Bedeutung sind die bereits erwähnten großen Unterschiede im Sohllängsprofil (Abb.1) und die hohe Variabilität der mittleren Fließgeschwindigkeiten (Abb. 3). Die mittleren Fließgeschwindigkeiten in jedem Querprofil wurden nach THORNE (1985) bestimmt. Die höchsten Geschwindigkeiten treten nicht immer an den steilsten Stellen im Längsprofil auf, sondern sind bei Niedrig-V_1 wie Mittelwasser V_2 örtlich auch unterhalb von Gefällestufen im Bereich der Tiefen entwickelt. Die maximale Geschwindigkeit befindet sich bei Niedrigwasser in einem kleinen Kolk inmitten der unteren Steilstrecke, während das Maximum der Geschwindigkeit bei Mittelwasser bei Meter 85 im unteren Teil der unteren Steilstrecke auf-

Tab. 4

Gemessene und abgeleitete hydraulische Parameter bei einer Wasserführung von Q = 2,0 m³/s
Measured and calculated hydraulic Parameters at a discharge of Q = 2.0 m³/s

Messung 23.08., Pegel 42 cm, Abfluß Q = 2,0 m³/s

Nr	Entf.	mittl. Fließ-geschwk. $\bar{V}$ m/s 10	hydr. Radius R m 9	Gefälle Sohle J_b m/m 11	Gefälle Energie-linie J_e m/m 13	Gefälle höhe H_e m 15	Froude Zahl Fr 16	Fließ-wider-stand $f^{-0,5}$ 17	Shear-stress τ 18	Rauhigkeitsmaße R/D_{84} 20	Rauhigkeitsmaße FD_{50} 22
1	0	1,37	0,29	0,0649	0,0446	0,40	0,81	1,36	127,3	1,14	0,54
2	5	1,26	0,24	0,0145	0,0087	0,32	0,83	3,11	20,5	0,92	0,50
3	10	1,19	0,19	0,0377	0,0393	0,27	0,86	1,56	73,5	0,76	0,47
4	15	1,05	0,18	0,0082	0,0165	0,23	0,80	2,17	29,2	0,69	0,41
5	20	1,12	0,18	0,0074	0,0037	0,25	0,84	4,90	6,6	0,71	0,44
6	25	1,33	0,17	0,0593	0,0571	0,26	1,03	1,53	95,5	0,66	0,52
7	30	1,21	0,18	0,0309	0,0272	0,28	0,91	1,95	48,2	0,71	0,48
8	35	1,39	0,18	0,0080	0,0080	0,28	1,04	4,12	14,2	0,72	0,55
9	40	1,13	0,21	0,0035	0,0018	0,29	0,77	6,56	3,7	0,85	0,64
10	45	1,08	0,22	0,0008	0,0026	0,28	0,74	5,20	5,6	0,86	0,61
11	50	1,05	0,20	0,0076	0,0095	0,27	0,74	2,72	18,7	0,81	0,59
12	55	1,04	0,21	0,0310	0,0310	0,27	0,73	1,46	64,1	0,82	0,59
13	60	1,39	0,18	0,0385	0,0350	0,29	1,05	1,98	62,0	0,71	0,81
14	65	1,15	0,24	0,0128	0,0026	0,33	0,75	5,20	6,1	0,95	0,41
15	70	1,09	0,21	0,0447	0,0399	0,29	0,76	1,34	82,4	0,83	0,39
16	75	1,12	0,28	0,0917	0,0680	0,37	0,68	0,92	187,3	1,09	0,40
17	80	1,06	0,30	0,0029	0,0029	0,37	0,62	4,06	8,6	1,18	0,38
18	85	1,63	0,20	0,0044	0,0044	0,34	1,18	6,20	8,7	0,77	0,58
19	90	1,16	0,26	0,0196	0,0261	0,33	0,73	1,59	66,8	1,02	0,69
20	95	0,97	0,27	0,0014	0,0027	0,37	0,60	4,05	7,2	1,06	0,58
21	100	1,07	0,24	0,0067	0,0050	0,30	0,69	3,47	11,8	0,95	0,63
22	105	1,04	0,23	0,0162	0,0179	0,29	0,69	1,83	40,5	0,90	0,62
23	110	1,00	0,21	0,0010	0,0100	0,26	0,70	2,46	20,7	0,81	0,59
24	115	1,23	0,20	0,0059	0,0029	0,28	0,89	5,77	5,6	0,76	0,73
25	120	0,87	0,23	0,0291	0,0229	0,31	0,43	1,36	51,8	0,89	0,52
26	125	0,99	0,20	0,0444	0,0556	0,26	0,56	1,05	109,4	0,80	0,59

tritt. Insgesamt zeigen Sohlgefälle, wie Geschwindigkeit in der Teststrecke bei den gegebenen Abflüssen eine große Bandbreite. Es gibt keine Stelle, die bei allen Abflüssen repräsentative Werte liefert.

Mit der Bernoulli-Analyse wurden für beide Abflüsse die Energiehöhen und das Energieliniengefälle bestimmt. Die Energie-liniengefälle verlaufen bei beiden Fließzuständen in der Teststrecke sehr differenziert (vgl. Abb. 4). Die Schwankungsbreite liegt zwischen 6 % und nahezu 0 %. Im Bereich der beiden Steilstrecken gibt es sehr große Schwankungen, doch selbst die kleinen Untiefen im untersten Tiefenbereich verursachen noch große Veränderungen im Energieliniengefälle. Ausgeglicheneres Energieliniengefälle werden bei Mittelwasser (J_{e2}) nur zwischen Meter 35 und 50 erreicht. Auf Grund der Beobachtungen vor Ort war irrtümlich angenommen worden, daß es bereits bei Mittelwasser zu einer größeren Vereinheitli-

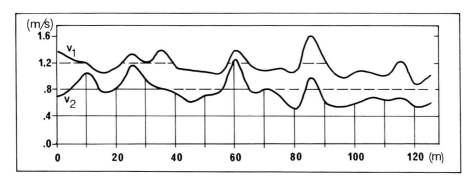

Abb. 3
Mittlere Fließgeschwindigkeiten bei Nieder- und Mittelwasser
Average flow velocities at low and average discharge

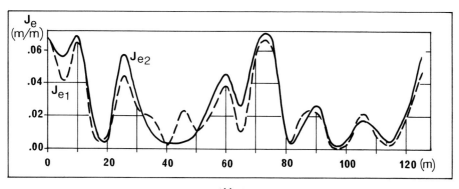

Abb. 4
Energieliniengefälle bei Nieder- und Mittelwasser
Energy slope at low and average discharge

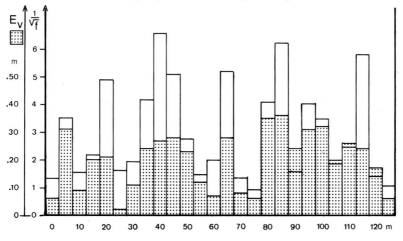

Abb. 5
Verlusthöhen und Darcy-Weißbach Reibung ($f^{-0,5}$)
Friction loss and Darcy-Weißbach roughness ($f^{-0,5}$)

chung der Gefälle kommt. Energiehöhen und die Verlusthöhen wurden für alle Querprofile berechnet und in den Tabellen 3 und 4 sowie in der Abbildung 5 wiedergegeben. Naturgemäß nehmen die Energiehöhen an allen Punkten beim Übergang von Niedrigwasser zum Mittelwasser zu. Gleichzeitig ist aber zu beobachten, daß die Differenzen zwischen den Beobachtungsstellen geringer werden und somit sich bereits beim Mittelwasser energetisch ein Fließen abzeichnet, das ausgeglichener verläuft als beim Niedrigwasserabfluß. Im Zuge dieses Ausgleiches wachsen insbesondere die Verlusthöhen am Ende der Steilstrecken.

Als Maß für die Fließwiderstände wird die Wurzel des Kehrwerts der Darcy-Weißbach Reibung benutzt. In Abbildung 5 sind die entsprechenden Werte aufgetragen. Insgesamt schwanken die Werte zwischen 1 und 5 und weisen nur in dem bereits erwähnten Bereich um Meter 40 eine größere Differenz zwischen den beiden Fließzuständen auf. Generell die höchsten Beträge, das heißt die geringste Reibung, stellen sich ein in Gebieten mit geringen Differenzen im Energieliniengefälle. Die Poolbereiche haben örtlich eine niederere Reibung als die Steilstrecken.

Auf Grund der vorliegenden Beobachtungen zur räumlichen Variation der Fließwiderstände lassen sich die Ursachen für die beobachteten Unterschiede im wesentlichen auf Unterschiede im Fließgefälle zurückführen. Um zu weiterführenden Ergebnissen zu kommen, ist die entsprechende Analyse während des Gipfelabflusses eines Hochwassers nötig. Weiterhin müssen die Gefälleverhältnisse und vor allem die Korngrößenverteilungen noch stärker im Detail aufgenommen werden. Aus der Bernoulli-Analyse ergeben sich Tendenzen der Vereinheitlichung des Fließgeschehens bei zunehmender Wassermenge. Es wird für den Hochwasserfall vermutet, daß der Fluß sein Fließen energetisch vereinheitlicht und daß die vorliegenden großen Rauhigkeitselemente dann die bei den Steilstrecken zu fordernden Fließwiderstände erzeugen. Es gibt im Lainbach in der Teststrecke keine Stelle, die bei den verschiedenen Abflüssen stets repräsentative Werte für einen größeren Fließabschnitt liefert. Die große räumliche Variabilität erfordert einen entsprechend hohen Meßaufwand.

3. Analysen zur zeitlichen Variabilität der Fließwiderstände

Die zeitliche Variabilität der Fließwiderstände ist in einem Querprofil durch Abflußmessungen nach der empirischen Manning-Stickler Formel oder der dimensionslosen Darcy-Weißbach Formel ohne großen Aufwand zu bestimmen. Die Interpretation der gefundenen Werte ist bei Naturmessungen aber oft schwierig. Die Veränderungen der Fließwiderstände während des Durchgangs von Hochwasserwellen sind, infolge des bei gleichzeitig gesteigerten Schwebkonzentrationen unsichtbaren Untergrundes, nicht auf die damit im Zusammenhang stehenden Veränderungen der Flußsohle oder den dabei auftretenden Geschiebetrieb zurückzuführen. Es fehlen genauere Beobachtungen und Messungen über die Wechselwirkungen zwischen den Vorgängen im Wasserkörper und den Veränderungen an der Flußsohle. Dazu sind möglichst gleichzeitige Messungen von Geschwindigkeitsprofilen und Aufnahmen zur Geometrie der Flußsohlen notwendig.

Ein einfaches Gerät zur Aufnahme der Geometrie der Flußsohlen ist der sogenannte „Tausendfüßler". Er wurde im Mai 1988 am Squaw Creek in Montana zum ersten Mal erprobt und im Sommer 1988 am Lainbach weiterentwickelt. Die Sohlverhältnisse werden am Tausendfüßler durch eine dichte Folge von Lotungen aufgenommen. Wie Abbildung 6a und b zeigt, besteht der Tausendfüßler aus einem Plastikrohr mit 15 cm Durchmesser und vertika-

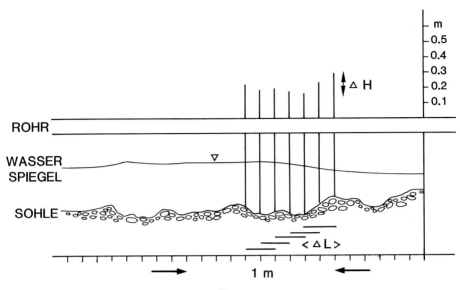

Abb. 6a
Meßanordnung des Tausendfüßlers im Lainbach
The „Tausendfuessler" device in the Lainbach. There is a horizontal tube above the water. Differences of the river bottom are measured by rods in 10 cm distance. The sweeping maximum differences of height across 3 decimeters are representative number for roughness height

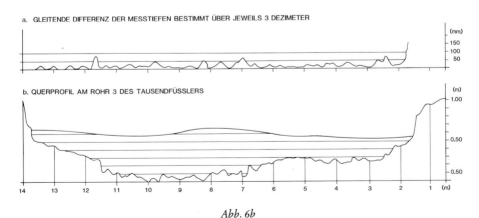

Abb. 6b
Querprofil und Rauhigkeitshöhen für den Lainbach um Mitternacht vom 29.−30.7.1988
Upper cross section: Roughness heights Lower cross section: Water and river bottom. The measurements are from midnight 29 to 30 July 1988

len Bohrungen im Abstand von 10 cm. Das Rohr wird horizontal eingebaut und ist das Referenzniveau für die Messungen. Die Abweichungen der Flußsohle und des Wasserspiegels von dem horizontalen Rohr werden mit einer 1,5 m langen Peilstange gemessen. Die Bezeichnung „Tausendfüßler" ist etwas großzügig. Am Lainbach sind zu einer vollen Aufnahme des Profilfeldes mit drei benachbarten Rohren genaugenommen nur drei mal 140 Peilungen notwendig. Für zwei bis drei Personen waren zu einer vollen Profilaufnahme und den anschließenden Geschwindigkeitsmessungen etwa 80 Minuten notwendig. Dies schränkt den Wert der vorliegenden ersten Messungen ein. Diese Meßzeit ist im Vergleich zu den raschen Veränderung während eines Hochwassers entschieden zu lang. Ein Ergebnis der Messungen am Tausendfüßler sind die in Abbildung 7 zusammengestellten Veränderungen der Rauhigkeitshöhen während der Hochwasserwelle vom 29.–30.7.1988.

Durch die sogenannte „Leopold-Analyse" werden die Veränderungen der Gerinnegeometrie und der hydraulischen Bedingungen an einem Querschnitt einfach und schnell

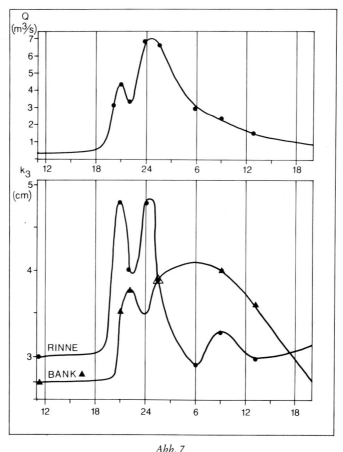

Abb. 7
Hochwasserwelle und Rauhigkeitshöhen vom 29.–30.7.1988
Hydrograph and roughness heights during the flood of July 29 to 30 July 1988. The roughness heights are differentiated according the measurements in the channel and on the gravel bar

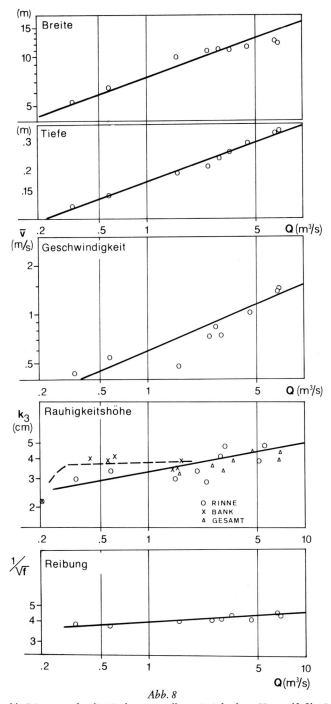

Abb. 8
„Leopold" Diagramm für die Hochwasserwelle am Lainbach am Tausendfüßler Profil
"Leopold" Diagramm for the flood at Lainbach (29.– 30.7.1988). For the Tausendfuessler section the following relationships are presented: width versus discharge depth versus discharge velocity versus discharge roughness height versus discharge (differentiated by channel, bank and total section) Darcy-Weißbach roughness (f-0.5)

beschrieben (vgl. LEOPOLD & MADDOCK 1953). Es werden dabei an einer Meßstelle die Veränderungen der Gerinnegeometrie (Flußbettbreite und mittlere Tiefe), sowie der mittleren Geschwindigkeit und der Darcy-Weißbach-Reibung in Abhängigkeit von der Abflußmenge analysiert (vgl. Abb. 8). Auf doppelt logarithmischem Papier lassen sich die Meßpunkte durch Regressionsgeraden annähern und damit die Beziehungen durch einfache Potenzfunktionen beschreiben. Bemerkenswert ist, daß am Lainbach die „Geraden" der Beziehungen mittlere Tiefe zu Abflußmenge und mittlere Fließgeschwindigkeit zu Abflußmenge jeweils Steigungen von etwa 200 aufweisen und damit die entsprechenden Potenzfunktionen einen Exponenten von 0,36 haben. Im Falle von Hochwässern reagiert der Fluß also gleich intensiv durch Erhöhungen der Abflußtiefe und der Fließgeschwindigkeit. Bei dem Hochwasser vom 29./30.7.1988 wuchs die mittlere Abflußgeschwindigkweit von etwa 0,6 m/s auf nahezu 7 m/s mit Geschwindigkeitsspitzen von über 2 m/s (Abb. 9). Die Breite des durchflossenen Flußbettes nahm weniger zu und gering war die Veränderungsrate bei den Rauhigkeitswerten nach Darcy-Weißbach (Exponent: 0,07). Hier ist bemerkenswert, daß, wie der Tabelle 5 zu entnehmen ist, die entsprechend hohen Werte der Rauhigkeit ($1/f^{0.5}$) sowohl bei hohen Abflüssen wie bei Niedrigwasser auftreten können. Allerdings streuen die Werte bei zunehmender Abflußmenge nicht mehr so stark und lassen sich dann auch immer besser durch eine Regressionsgerade beschreiben. Somit gilt generell, daß bei zunehmender Abflußmenge die Rauhigkeit abnimmt; bei Niedrigwasser können aber sowohl relativ rauhe wie glatte Bettsohlen auftreten.

Die Interpretation der am Lainbach durchgeführten Messungen entstand nach zahlreichen Diskussionen mit Kollegen aus dem Kreis der Teilnehmer der internationalen Workshops über Schotterflüsse (Gregynog (1980) und Pingree Park (1985)). Die Berichtsbände wurden von HEY, BATHURST & THORNE (1982) und von THORNE, BATHURST & HEY (1987) herausgegeben und spiegeln den Stand der Forschung auf dem Gebiet der Flüsse mit Schottersohlen. In jedem der Bände gibt es zwei Beiträge zum Fließwiderstand bzw. zum Problem der Abpflasterung. Für die Ausdeutungen der Untersuchungen am Lainbach wird außerdem auf die theoretisch begründeten Ableitungen von GRIFFITHS (1981) zurückgegriffen. Gegenüber BATHURST (1985) differenziert GRIFFITHS stärker und unterscheidet

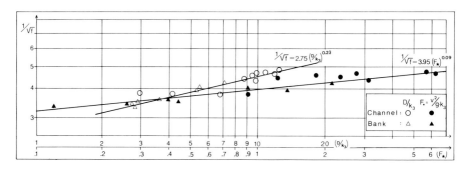

Abb. 9
Das Verhältnis zwischen der Darcy-Weißbach Rauhigkeit ($f^{-0,5}$)
und der relativen Rauhigkeit (D/k_3) bzw. zur Mobilitätszahl ($V^2/g\ k_3$)
Relationship between the coefficient of Darcy-Weißbach roughness ($f^{-0.5}$)
and the relative roughness (D/k_3) or the specific mobility number ($V^2/g\ k_3$)

beispielsweise zwischen stabiler und mobiler Gerinnesohle. Für beide Zustände ergibt eine Dimensionsanalyse folgenden Satz von dimensionslosen Größen:

$f = f_n(\bar{V} R/v/(g R)^{0.5}, R/D_{50}, R/p, R/y)$

mit f = Reibungskoeffizient nach Darcy-Weißbach
V = mittlere Fließgeschwindigkeit
v = kinematische Viskosität
g = Erdbeschleunigung
R = hydraulischer Radius
D_{50} = Mittel des Korngrößenspektrums
p = benetzter Umfang
y = maximale Wassertiefe

Durch eine statistische Analyse einer Datensammlung von zahlreichen Grobgeschiebeflüssen in Neuseeland weist GRIFFITHS nach, daß solange die Flußsohle stabil ist, der Quotient hydraulischer Radius zu mittlerer Korngröße (= relative Rauhigkeit R/D_{50}) zu fast 60 % die Gesamtrauhigkeit beschreibt, während im Fall von Geschiebetrieb der Quotient mittlere Fließgeschwindigkeit zu der Wurzel aus dem Produkt von Erdbeschleunigung und mittlere Korngröße (Fk_3 = Mobilitätszahl oder Froudezahl des Korns $V/(gD_{50})^{0,5}$) unter diesen Bedingungen einen entsprechend großen Beitrag zur Erklärung der Gesamttreibung ergibt.

Durch den Einsatz des Tausendfüßlers ist es in diesem Zusammenhang möglich, den über die Zeit konstant gehaltenen Parameter Korngröße durch eine dem Sachverhalt besser angepaßte Variable zu ersetzen. Die Variabilität der gesamten Sohle, d.h. sowohl die Veränderungen der Kornoberflächen, der Abpflasterung, wie die Veränderungen in der Flußbettform

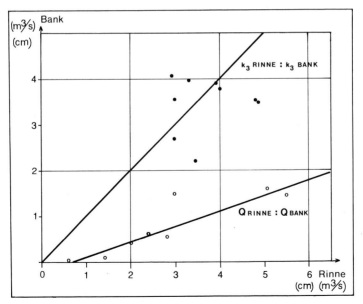

Abb. 10
Die Verhältnisse zwischen Flußrinne und Schotterbank für die Abflußmengen und die Rauhigkeitshöhen
Relationship between channel and bank for discharge and roughness heights

Tab. 5

Hochwasserwelle am Lainbach vom 29.–30.7.1988.
Gemessene und abgeleitete hydraulische Parameter
Flood of 29.–30.7.1988: Measured and calculated hydraulic Parameters

	29.7. 11.00	21.00	22.00	30.7. 24.00	01.30	06.00	08.00	12.00	01.8. 13.00
Q_{gesamt}	0.34	4.46	3.40	6.98	6.70	2.91	2.46	1.53	0.57
Q_{Rinne}	0.34	2.98	2.85	5.52	5.06	2.33	2.04	1.44	0.57
Q_{Bank}		1.47	0.54	1.46	1.63	0.58	0.42	0.09	
D_{gesamt}	0.12	0.29	0.26	0.35	0.33	0.24	0.21	0.19	0.14
D_{Rinne}	0.12	0.42	0.38	0.52	0.48	0.35	0.32	0.29	0.14
D_{Bank}		0.19	0.14	0.25	0.21	0.12	0.11	0.10	
V_{gesamt}	0.44	1.26	0.85	1.46	1.41	0.75	0.64	0.48	0.55
V_{Rinne}	0.44	1.20	0.96	1.64	1.55	0.89	0.77	0.60	0.55
V_{Bank}		0.56	0.38	0.86	0.72	0.42	0.32	0.21	
$k_{3\,gesamt}$	2.9	4.3	3.9	4.3	3.9	3.4	3.6	3.2	2.9
$k_{3\,Rinne}$	3.0	4.8	4.0	4.8	3.9	2.9	3.3	3.0	3.4
$k_{3\,Bank}$	2.7	3.5	3.8	3.5	3.9	4.1	4.0	3.6	2.2
$D/k_{3\,ges}$	4.1	6.7	6.7	8.1	8.5	7.1	5.8	5.9	4.8
$D/k_{3\,Rin.}$	4.0	8.7	9.5	10.8	12.3	12.1	9.7	9.7	4.1
$D/k_{3\,Bank}$		5.4	3.7	7.1	5.4	2.9	2.7	2.8	
u^{*}_{gesamt}	4.1	9.0	7.1	11.7	11.2	6.2	5.5	4.1	5.1
u^{*}_{Rinne}	4.1	9.5	7.5	12.4	11.5	6.6	6.0	4.6	5.1
u^{*}_{Bank}		4.9	3.6	7.1	6.3	4.2	3.3	2.1	
I_{gesamt}	1.4	2.7	2.0	4.0	3.9	1.6	1.5	0.9	1.9
I_{Rinne}	1.4	2.2	1.5	3.0	2.8	1.3	1.1	0.8	1.9
I_{Bank}		1.3	1.0	2.1	2.0	1.5	1.0	0.5	
$f^{-0.5}_{ges}$	3.83	4.23	4.20	4.40	4.44	4.32	4.07	4.14	3.82
$f^{-0.5}_{Rin}$	3.83	4.46	4.54	4.69	4.77	4.71	4.63	4.45	3.81
$f^{-0.5}_{Ban}$		4.02	3.62	4.24	3.96	3.53	3.44	3.35	
F^{*}_{gesamt}	0.68	2.61	1.89	5.05	5.19	1.69	1.16	0.73	0.91
F^{*}_{Rinne}	0.68	3.06	2.35	5.71	6.28	2.78	1.83	1.22	0.91
F^{*}_{Bank}		0.91	0.39	2.15	1.35	0.44	0.26	0.12	

Maßeinheiten:
Abflußmenge $Q : m^3/s$
Mittlere Tiefe $D : m$
Mittlere Geschwindigkeit $V : m/s$
Mittlere Rauhigkeitshöhe $k_3 : cm$
Schubspannungsgeschwindigkeit $u^* : V/2.5 \ln 30 (0.6 D/k_3) = cm/s$
Gefälle $I : u^{*2}/g\,p = ‰$
Darcy-Weißbach Rauhigkeit $f^{-0.5} : V/(8\,g\,D\,I)^{0.5}$
Froudezahl der Rauhigkeit $F^* : V^2/g\,k_3$

---

werden durch die Peilungen am Tausendfüßler im Abstand von 10 cm erfaßt. Eine Differenzierung in Kornrauhigkeit und in Formrauhigkeit läßt sich dabei nicht durchführen. In einem Grobgeschiebefluß sind die unterschiedlichen Rauhigkeiten sowieso nur mit Schwierigkeiten auseinanderzuhalten. Beispielsweise ist jeder Block bis zu einer bestimmten Wassermenge zunächst Ufer und damit ein Teil der Formrauhigkeit. Wird derselbe Block aber überströmt, so ist er ein Teil der Kornrauhigkeit und eventuell wird er sogar zum Geschiebe. Als Maßzahl für die Rauhigkeit der Sohle wird aus den Peilungen am Tausendfüßler die gleitende Differenz der Meßtiefen über jeweils drei Peilungen, d.h. 3 dm bestimmt. Dieser sogenannte k_3-Wert wird in der Folge als Rauhigkeitshöhe benutzt. Die Rauhigkeitshöhen über drei Dezimeter verändern sich während des Hochwassers merklich (vgl. Abb. 7). Bei einer detaillierten Analyse der Meßwerte ergeben sich wesentliche Unterschiede beim Gang der Rauhigkeitshöhen zwischen den Oberflächen der Schotterbänke einerseits und der Rinne andererseits. Die Rauhigkeitshöhen der Rinne verlaufen zunächst parallel zum Abflußgang und sinken nach einer geringen Abweichung auf dem absteigenden Ast wieder auf das ursprüngliche Niveau. Auf den Schotterbänken werden die maximalen Rauhigkeitshöhen erst in der Phase der absteigenden Hochwasserwelle erreicht. Im Tausendfüßlerprofil wurden daher alle geometrischen und hydraulischen Parameter sowohl für die Rinne, wie für die Flußbank getrennt bestimmt und analysiert. Die Daten sind in Tabelle 5 zusammengestellt. Die Schubspannungsgeschwindigkeit wurde mit Hilfe der Logarithmusfunktion der vertikalen Geschwindigkeitsverteilung ermittelt:

$v^* = V/2{,}5 \ln 30\,(0{,}6\,R/k_3)$

In Abbildung 7 sind die Mittelwerte der Rauhigkeitshöhen im Verhältnis zur Abflußmenge eingetragen. Die Mittelwerte wachsen von 2,8 cm auf etwas über 4 cm, während das Hochwasser gleichzeitig von 0,3 auf etwa 7 m³/s zunahm. Die Zusammenhänge zwischen der relativen Rauhigkeit beziehungsweise der spezifischen Mobilitätszahl und dem Fließwiderstand (nach Darcy-Weißbach) ist in Abbildung 9 dargestellt. Die Mobilitätszahlen wie die Werte der relativen Rauhigkeit nähern sich sehr gut der Regressionsgeraden. Dieses Ergebnis ist überraschend, da, wie Abbildung 10 zeigt, das Verhältnis zwischen den Rauhigkeitshöhen der Flußrinne und der Bänke sehr zufällig ist. Mit Hilfe der folgenden Potenzfunktionen lassen sich die Beziehungen sehr zutreffend beschreiben:

$1/f^{0.5} = 2{,}75\,(D/k_3)^{0.23}$
$1/f^{0.5} = 3{,}95\,(F_{k_3})^{0.09}$

Durch den Tausendfüßler ergeben sich verbesserte Meßmöglichkeiten und Datensätze zu Analysen von Flußbettstabilität, Veränderungen des Flußbettes oder zu den Fließwiderständen. Die von GRIFFITHS an Beispielen aus Neuseeland abgeleiteten Beziehungen zwischen der Rauhigkeit und der relativen Rauhigkeit einerseits und zwischen der Rauhigkeit und der Mobilitätszahl andererseits, lassen sich mit Hochwasserdaten vom Lainbach ebenfalls nachweisen. Damit ergibt sich eine Möglichkeit, die zeitliche Variabilität der Fließwiderstände besser zu interpretieren. Sie sind nicht allein eine Folge der Schwankungen der Tiefenverhältnisse bei konstanten repräsentativen Korngrößen, sondern Flußtiefen wie Rauhigkeitshöhen verändern sich. Zu weitergehenden statistischen Analysen sind jedoch mehr Messungen und vergrößerte Datensätze notwendig.

Mit Hilfe des Tausendfüßlers ist es somit möglich von der relativ statischen Beschreibung der Flußsohle durch bestimmte Parameter des Korngrößenspektrums wegzukommen und diese durch den Parameter der Höhendifferenzen (k_3) zu ersetzen. Über die Zusammenhänge zwischen den Höhendifferenzen und den betreffenden Korngrößen bzw. den Formveränderungen der Rinne und der Bänke fehlen zur Zeit noch die entsprechenden Untersuchungen. Eine wesentliche Voraussetzung bei der Weiterentwicklung ist es, daß bei den kommenden Meßkampagnen der Zeitaufwand für die einzelnen Beobachtungen durch verbesserte Instrumente deutlich erniedrigt wird.

4. Ergebnisse

Die vorliegenden Beobachtungen genügen zwar nicht den Anforderungen nach LEOPOLD et al.(1964); die verschiedenen Klassen von Fließwiderständen lassen sich noch nicht differenziert genug für einzelne Fließzustände beschreiben. Die ersten Ergebnisse der Messungen am Lainbach zeigen, daß die räumliche, wie die zeitliche Variabilität der Fließwiderstände sehr groß ist. Für die räumliche Variabilität sind verstärkt Meßaufnahmen und Messungen der Gefälle und der Geschwindigkeiten notwendig. Durch den „Tausendfüßler" sind die zeitlichen Veränderungen der Rauhigkeitshöhen zu erfassen. Die Zusammenhänge zwischen der Darcy-Rauhigkeit und der relativen Rauhigkeit lassen sich im Tausendfüßler-Profil durch eine Potenzfunktion beschreiben. Die notwendigen Datensätze für eine naturgerechte Beschreibung der Phänomene der Fließwiderstände erfordern aber sowohl im Längsprofil, wie in den Querprofilen, einen erhöhten Meßaufwand. Die Zusammenhänge zwischen den Rauhigkeitshöhen und der Korngrößenverteilung müssen weiter untersucht werden.

Literatur

BATHURST,J.C. 1982: Theoretical Aspects of Flow Resistance. – In: HEY, R.D., BATHURST, J.C. & C.R. THORNE (Hrsg.)(1982): Gravel-Bed Rivers. – (Wiley) New York: 83–108.

–,– (1985): Flow Resistance Estimation in Mountain Rivers. – Journal of Hydraulic Engineering 111: 625–643.

BRAY, D.I.(1982): Flow Resistance in Gravel-Bed Rivers. In: HEY, R.D., BATHURST, J.C. & C.R. THORNE (Hrsg.)(1982): Gravel-Bed Rivers. – (Wiley) New York: 109–137.

BRAY, D.I.(1988): A Review of Flow Resistance in Gravel-Bed Rivers. – In: Leggi morfologiche e loro verifica di campo. Universita della Calabria. Dipartimento di Difesa del Suolo: 23–57.

EINSTEIN, H.A. & N.L. BARBAROSSA (1951): River Channel Roughness. – Proc.Amer.Soc.Civil Engrs., July 1951.
FELIX, P., K. PRIESMEIER, O. WAGNER, H. VOGT & F. WILHELM (1988): Abfluß in Wildbächen. – Untersuchungen im Einzugsgebiet des Lainbachs bei Benediktbeuern. – Münchner Geogr. Abh. Reihe B, 6.
GRIFFITHS, G.A.1981: Flow Resistance in Coarse Gravel Bed Rivers. – Journal of the Hydraulics Division, ASCE 107: 899–918.
HEY, R.D., J.C. BATHURST & C.R. THORNE (Hrsg.)(1982): Gravel- Bed Rivers. Fluvial Processes, Engineering and Management. – (Wiley) New York.
IBBEKEN, H.(1974): A Simple Sieving and Splitting Device for Field Analysis of Coarse Grained Sediments. – Journal of Sed. Petrol. 44: 939–946.
–,– & R. SCHLEYER (1986): Photo-Sieving: A Method for Grainsize Analysis of Coarse-Grained, Unconsolidated Bedding Surfaces. – Earth Surface Processes and Landforms 11: 59–77.
LEOPOLD, L.B. & T. MADDOCK (1953): The Hydraulic Geometry of Stream Channels and some Physiographic Implications. – US Geological Survey. Water Supply Paper 282-B.
–,–, M.G. WOLMAN & J.P. MILLER (1964): Fluvial Processes in Geomorphology. – (Freeman) San Francisco.
THORNE, C.R.(1985): Estimating Mean Velocity in Mountain Rivers. – Journal of Hydraulic Engineering 111: 612–624.
–,–, J.C. BATHURST & R.D. HEY (Hrsg.)(1987): Sediment Transport in Gravel-Bed Rivers. – (Wiley) New York.
WHITTAKER, J.G. & M.R. JAEGGI (1982): Origin of Step-Pool Systems in Mountain Streams. – Journal of the Hydraulics Division, ASCE 108: 758–773.

Anschrift der Autoren

Prof. Dr. Peter ERGENZINGER, Dr. Peter STÜVE, Institut für Physische Geographie der Freien Universität Berlin, Altensteinstr. 19, D-1000 Berlin 33.

Göttinger Geographische Abhandlungen, Heft 86: 81–93; Göttingen 1989

EINFLUSS DER PEDO-HYDROLOGISCHEN EINZUGSGEBIETSVARIANZ AUF OBERFLÄCHENABFLUSS UND STOFFAUSTRAG IM EINZUGSGEBIET DES WENDEBACHES

Von GERHARD GEROLD, Karlsruhe & PETER MOLDE, Göttingen

mit 7 Abbildungen und 1 Tabelle

Zusammenfassung: Die 1988 begonnenen Untersuchungen zur pedo-hydrologischen Einzugsgebietsvarianz in einem Teileinzugsgebiet des Wendebaches (Niedersächs. Bergland bei Göttingen), die mit der hydrologisch-geomorphologischen Input-Output-Analyse des Wendebach-Einzugsgebietes verknüpft werden, gestatten folgende thesenhafte Ableitung: Die Verbreitung der Hangrunsen, überwiegend auf Talhängen mit Waldbestand, konzentriert sich auf die Teileinzugsgebiete mit den Hauptbodenformen Tonstein-Pelosol (z.T. Tonstein-Brauerde-Pelosol), wo geringe Infiltrationskapazitäten zu schneller Oberflächenabfluß- und Interflowbildung führen. Auslösende Niederschlagsereignisse für Bodenerosion und Zerschluchtung sind nicht allein Starkregen, sondern können aufgrund der bodenhydrologischen und der Witterungsbedingungen (Schneeschmelze, Bodengefrornis) auch „Landregen" sein. Ansatzpunkte für eine lineare fluviale Zerschneidung sind durch die periglaziale Hangformung und den Deckschichtenaufbau (Hangmulden, Stauschichten mit Interflow) gegeben. Auslösendes Moment der Abflußkonzentration sind vielfach anthropogene Maßnahmen (Wegebau, Nutzungswechsel, Drainage-Systeme, Viehtritt). Am Sedimentaustrag aus dem Einzugsgebiet ist die Lateralerosion in der Schlucht oder Kerbe erheblich beteiligt. Subterrane Erosion durch Interflow kann dabei nicht vernachlässigt werden.

[Influence of the pedo-hydrological catchment area variance on surface runoff and matter output in the Wendebach catchment area]

Summary: In 1988, studies of the pedo-hydrological catchment area variance in a part of the Wendebach catchment area in the mountainous region around Göttingen were started; they are connected with the hydrologic-geomorphological input-output analysis of the Wendebach catchment area. The following statements are based on these studies: the frequent occurrence of gullies (Hangrunsen) mostly in wooded valley slopes is concentrated in parts of catchment areas with "clay stone-Pelosols" and, in places, "clay stone-brown soils-Pelosols", where low infiltration capacities lead to quick surface runoff and interflow. Soil erosion and gully formation are triggered not only by precipitation, such as intensive rainfall; depending on soil hydrology and weather conditions, e.g., frost and melting snow, persistent rain can also be the cause. At the origin of linear fluviale gullies are periglacial slope forming and the composition of the upper soil layers, like slope depressions and layers with interflow. The construction of paths, a change of exploitation, drainage systems and animal tread influence the runoff concentration.

1. Einführung und Zielsetzung

Zahlreiche Untersuchungen zur Relief- und Bodenentwicklung in Mitteleuropa zeigen, daß im Holozän zum Teil eine intensive fluviale Überprägung des pleistozänen Formenschatzes stattgefunden hat (s. z.B. BORK 1983, BRUNOTTE et al. 1985, BARSCH & WIMMER 1988). Neben Fragen der Klimavarianz wird vor allem der anthropogene Einfluß auf die fluviale Morphodynamik, insbesondere in historischer Zeit, intensiv untersucht (s. BORK 1988, RICHTER 1976). Dabei überwiegen Arbeiten zur Bodenerosion auf Ackerland gegenüber der linienhaften fluvialen Zerschneidung (Schluchtreißen, Runsenbildung), wie sie vor allem unter Wald rezent beobachtet werden können. Für die Bodenerosionsentwicklung in historischer Zeit in Mitteleuropa hat BORK (1988) zwei Phasen intensiver Schluchterosion (Kerbenreißen) verbunden mit starker flächenhafter Bodenerosion ausgegliedert (14.Jh. = Phase II und 18.Jh. = Phase IV) ausgelöst durch eine Häufung von „Extremniederschlägen". Der Zusammenhang von Niederschlagsenergie (N-Intensität und N-Dauer), Landnutzung, Reliefeigenschaften, Substrat-/Bodeneigenschaften und fluvialer Erosion wird vor allem durch die umfangreiche Bodenerosionsforschung quantitativ untersucht (s. z.B. RICHTER 1977, TOY 1977, SEILER 1983), wobei von den Forschungsansätzen unterschieden werden kann in:

– standortgebundene Fallstudien
– experimentelle Grundlagenuntersuchungen (Labor)
– Simulationsmodelle

mit dem übergeordneten Ziel der Erfassung und Prognose des Stoffumsatzes in einem Einzugsgebiet (vgl. ROHDENBURG et al. 1986, KNISEL et al. 1980, SMITH & KNISEL 1985). Ferner sind von hydrologischer Seite vor allem Fließ- und Transportdynamik der Vorfluter untersucht worden (s. CHANG et al. 1982).

Für die fluviale Morphodynamik in Einzugsgebieten sind neben der integralen Gesamterfassung von Niederschlag, Abfluß und Feststoffaustrag die Abhängigkeiten der Prozesse in den Gerinnen von der Oberflächenabflußbildung, dem Materialtransport in Teileinzugsgebieten und ihrer geoökologischen Ausstattung zu untersuchen. Da nach den Ergebnissen der Bodenerosionsforschung (Testparzellen) zwischen Oberflächenabfluß (A_o) und Feststofftransport (suspendiertes Material) meist ein hoher signifikanter Zusammenhang besteht (s. DIKAU 1986), sind vor allem die Faktoren der Oberflächenabflußbildung (A_o und Interflow) zu analysieren (s. SCHMIDT 1988). Bei gleicher Niederschlagscharakteristik und Vegetationsbedeckung oder Bodenbearbeitung bestimmen Reliefeigenschaften und die ungesättigte Bodenzone (Partialkomplex Substrat/Boden) maßgeblich das kurzfristige Speicher- und Retentionsvermögen kleiner Einzugsgebiete. Der als Oberflächenabfluß wirksame Teil des Niederschlagswassers wird bestimmt von den Faktoren Interzeption, Muldenspeicherung, Infiltration und gegebener Bodenfeuchte. Der Feststofftransport mit dem Oberflächenabfluß und dem oberflächennahen Abfluß (Interflow) wird von den hydraulischen Eigenschaften der abfließenden Wasserschicht (Schubspannung an der Bodenoberfläche) und der Erosionsresistenz der Bodenoberfläche (Gewicht, Reibung, Kohäsion) bestimmt (GEROLD 1987, Fig. 1, SCHMIDT 1988).

Der Nachweis von Zusammenhängen zwischen Ausstattungsgrößen der Teileinzugsgebiete, pedo-hydrologischer Kennwerte und Funktionen sowie der Oberflächenabfluß- und Gerinnedynamik auf der Basis empirischer Erhebungen stellt daher eine Verbindung des geomorphologischen Forschungsansatzes (Feststoffabtrag/-austrag mit Konsequenzen für die

Reliefentwicklung) mit dem geoökologischen Forschungsansatz (Wasser- und Stoffhaushalt im Boden, Hangausschnitt oder Einzugsgebiet) dar. Auf die Bedeutung des geoökologischen Ansatzes bei der Bodenerosionsforschung (Berücksichtigung von Wasser- und Stoffhaushalt im Boden) hat vor allem LESER (1988) hingewiesen.

Aufgrund der Projektarbeit von MOLDE und PÖRTGE seit 1985 zur fluvialen aktuellen Morphodynamik in Leineteileinzugsgebieten bei Göttingen (s. MOLDE & PÖRTGE 1988) mit kontinuierlichen Messungen von N-Input, A_o-Output und Bestimmung der Stofffracht sowie aufgrund von Diplomarbeiten und Dissertationen aus dem Raum (s. AHRENSHOP 1978, HAMEL 1983, HÜLSEBUSCH 1983, NIEHOFF 1982, PÖRTGE 1979, RIENÄKKER 1985, STRAUBEL 1978) ist eine Verknüpfung des Konvergenzmodell-Ansatzes (Input-Output-Analyse von Einzugsgebieten) mit den Untersuchungen zur pedo-hydrologischen Einzugsgebietsvarianz beabsichtigt.

Mit den Untersuchungen sollen die wesentlichen bodenhydrologischen Parameter in ihrer Substrat-/Boden- und Nutzungsvarianz (Wald und Ackerland) mit ihrer Bedeutung für die einzugsgebietsdifferenzierte Oberflächenabflußbildung und den Stoffaustrag erfaßt werden.

Langfristiges Ziel im Rahmen der Gesamtuntersuchungen des Geographischen Institutes Göttingen ist eine Bewertung vorhandener Bodenwasserhaushaltsmodelle (HEGER & PFAU, URLAND, BENECKE, MORGENSCHWEIS) in bezug auf ihren Erklärungsgrad für die Oberflächenabflußbildung und eine Differenzierung der Teileinzugsgebiete nach ihrem Speicher- und Retentionsvermögen.

2. Untersuchungsgebiet und Methoden

Aufgrund der Zielsetzung sind die Untersuchungen in einem Teileinzugsgebiet des Wendebaches (FE=37 km²) angelegt (Bettenrode). Über die geomorphologisch-petrographischen Verhältnisse des Wendebach-Einzugsgebietes haben MOLDE & PÖRTGE (1988) und PÖRTGE & RIENÄCKER (1989) berichtet. Gründe für die Wahl des Teileinzugsgebietes Bettenrode (1,91 km²) sind:

a) Es ist Teil der im Einzugsgebiet Wendebach vorhandenen Bausandstein-Hochfläche des Reinhäuser Waldes (mittlere Höhe ca. 300 m, smS).
b) Die Hauptsubstrate des Einzugsgebietes Wendebach sind im Teileinzugsgebiet Bettenrode vertreten (Sandstein des smS, Tonstein des so, pleistozäner Lößlehm als Deckschicht). Damit könnten für die kontinuierliche Erfassung der Bodenfeuchte (Wasserspannungsmessungen) über zwei Meßparzellen (s. Abb. 1 Meßparzelle KL) zwei Hauptbodenformen der Einzugsgebiete von Wendebach und Garte (s. PÖRTGE & RIENÄCKER 1989) im unmittelbaren Vergleich von Laubwald und Ackerland erfaßt werden:
1. Sandstein-Braunerde mit gering mächtiger Lößlehmdecke
2. Tonstein-Pelosole mit gering mächtiger Solifluktions-/Lößlehmdecke.

Ferner erfolgen Untersuchungen zum Bodenwasserhaushalt und Interflow auf einer bis zu 2 m mächtigen Lößlehmdecke in Talhanglage der aktiven Runse, die mit einem Schreibpegel, Meßgerinne und automatischem Probenehmer ausgestattet ist (s. Abb. 2). Als Bodenform (Laubwaldbestand) sind die Lößlehm-Parabraunerde und Lößlehm-Braunerde verbreitet, die im östlichsten Teil des Wendebach-Einzugsgebietes am Übergang zum Untereichsfeld-Becken vorherrschen.

c) Die Untersuchungen können verknüpft werden mit den hydrologischen Datenreihen der laufenden Forschungsarbeiten des Geographischen Institutes in Göttingen: Niederschlag und Abfluß des Wendebaches seit 1976, Stoffaustrag (Schwebstofffracht und Lösungsfracht) seit 1986; Niederschlag, Abfluß und Stoffaustrag sowie Bodenerosion im Teileinzugsgebiet Bettenrode (s. Abb. 1).

d) Im Teileinzugsgebiet Bettenrode sind fluviale Formungsprozesse aktiv, deren Wirkungskomplex und deren Bedeutung für die aktuelle wie holozäne Reliefformung in Mitteleuropa umstritten sind: Flächenhafte Bodenerosion im Vergleich zwischen Ackerland und Wald, Schluchtreißen und Lateralerosion der periodisch wasserführenden Bachbetten und Trockentäler, z. T. unter Wald, Bedeutung des Interflow und der subterranen Erosion für die Hangformung (Hangrunsen s. Abb. 3, BARSCH & WIMMER 1988); Verhältnis von Schwebstofffracht und Lösungsfracht in Abhängigkeit von Ausstattung und Größe der Teileinzugsgebiete und der Abflußereignisse.

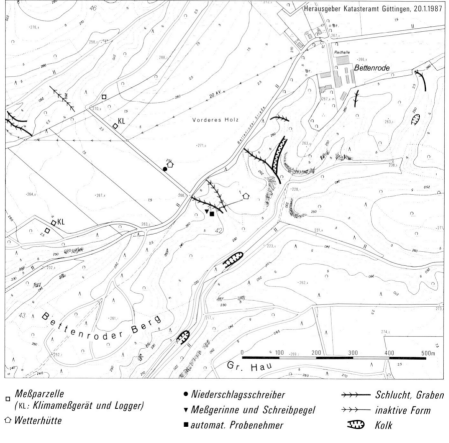

Abb. 1
Übersichtskarte Bettenrode, Instrumentierung und Hauptformen der fluvialen Linearerosion
General map of Bettenrode, intrumentation and principal forms of fluvial linear erosion

Nach Auswertung der verfügbaren geowissenschaftlichen Karten (Geol. Karte, Reichsbodenschätzung, forstliche Standortaufnahmekarten) und exemplarischen Bodenprofilaufnahmen (Hangcatenen) wurden zwei Intensivmeßparzellen im Teileinzugsgebiet Bettenrode ab Herbst 1988 eingerichtet (s. Abb. 1 Meßparzelle KL). Beide Meßparzellen auf Ackerland sind auf Datalogger-Basis (System STARLOG) arbeitende Stationen mit automatischer und kontinuierlicher Erfassung (10-Min.-Intervalle, 1 Monat Speicherkapazität) von: Windgeschwindigkeit und Windrichtung, Lufttemperatur und relative Luftfeuchtigkeit in 2 m über Grund, Niederschlag (Wippenprinzip 0,1 mm Auflösung, 200 cm² Auffangfläche 1,20 m über Grund) und 4 Gipsblockelektroden zur Messung der Wasserspannung in 20, 40, 60, 90 cm Bodentiefe.

Zusätzlich erfolgte eine Geräteausstattung zur diskontinuierlichen Datenaufnahme (1 x wöchentlich, Vegetationsperiode 2 x wöchentlich) mit Bodentensiometern in 20, 40, 60,

Abb. 2
Aktive Hangrunse bei Bettenrode mit Abfluß-Meßgerinne (Sept. 1987, Foto: Molde)
Active gully near Bettenrode with gauge channel

90 und 130 cm Tiefe (System Einstichtensiometer), je 5 Niederschlagskleinregenmessern (1,20 m unter Grund), je 1 Max./Min.-Thermometer in 1 m Höhe und am Boden sowie je 1 Mosimann-Evaporimeter in 1 m Höhe und am Boden (Meßprinzip s. MOSIMANN 1983) während der Vegetationsperiode.

Bei gleicher Reliefflage und Bodenform wurden zur Erfassung der Bestandsunterschiede (vgl. Ackerland/Wald) dicht benachbart zwei Meßparzellen (s. Abb. 1) zur wöchentlichen (Vegetationsperiode 2x/Woche) Datenerfassung von Niederschlag (Kleinregenmesser), Temperatur (Max./Min.-Thermometer), potentielle Evaporation (Mosimann-Evaporimeter) und Wasserspannung (gleiche Tiefen, Einstichtensiometer) installiert.

Unter Wald im Einzugsbereich der aktiven Runse (s. Abb. 1 – Wetterhütte) wurde eine Meßparzelle zur Erfassung der Klimaparameter (Wetterhütte nach DWD mit Thermohygrograph, Max.- u. Min.-Thermometer, Hellmann-Niederschlagsschreiber und Kleinregenmesser, Mosimann-Evaporimeter) und der Bodenfeuchteänderung über Wasserspannungsmessungen (Einstichtensiometer) eingerichtet. Ferner sind Interflow-Auffangrinnen zur Abschätzung der Interflowereignisse (Aufschluß durch die Hangrunse) installiert.

Auf allen Meßparzellen werden zeitlich zu den diskontinuierlichen Meßterminen Bodenproben (Mischproben Pürckhauer) zur Bestimmung der Bodenfeuchte (gravimetrisch) genommen. Damit können neben den geplanten Labor-pF-Kurven nach genügend großer Anzahl von Messungen Feld-pF-Kurven aufgestellt werden (s. URLAND 1987).

Aufgrund der beschriebenen Datenerhebung kann eine vertikale Wasserhaushaltsbilanzierung aufgestellt und der Zusammenhang von Niederschlagsinput, Substrat-/Bodenparametern, Vegetationsbedeckung und Bodenwasserhaushalt auf Oberflächenabflußbildung und fluviale Morphodynamik erarbeitet werden.

Kennzeichnend für das Wendebach-Einzugsgebiet ist der ca. drei- bis fünffach höhere Austrag von Lösungsfracht gegenüber der Schwebstofffracht (Jahresbilanz s. Tab. 1). Bei hohem Abfluß tritt bei den geogenen Ionen (Ca, Mg, HCO_3) ein Verdünnungseffekt, bei den biogen-anthropogen beeinflußten Ionen (K, NO_3, PO_4, Cl, SO_4) zum Teil ein Anreicherungseffekt auf (SO_4, Cl und NO_3), was PÖRTGE & RIENÄCKER (1989) auf den vermehrten Anteil direkt abfließenden Niederschlagswassers (A_o und Interflow) zurückführen. Um den Einfluß der Niederschlagsereignisse und des Bodenwasserhaushaltes auf Menge und Zusammensetzung der Lösungsfracht des Vorfluters zu untersuchen, sind in gleichen Tiefen wie die Tensiometer Bodenlösungssammler installiert. Probenahme und Analytik der Makroelemente (Niederschlag, Bodenlösung, Oberflächenabfluß, Interflow) erfolgen nach Angaben des DVWK (1984) und des Forschungszentrums Waldökosysteme (MEIWES et al. 1984).

Für die Übertragbarkeit der Parzellenmessungen auf das Teileinzugsgebiet Bettenrode und zur Erfassung der Substrat-/Bodenvarianz werden eine Bodenaufnahme und Zeit-Stichpunktmessungen von Bodenfeuchte und Infiltrationsverhältnissen durchgeführt.

3. Ergebnisse und Diskussion

Auf der Basis der seit Dezember 1988 aufgenommenen Meßdaten und der bisherigen Untersuchungen im Teileinzugsgebiet Bettenrode können einige erste Ergebnisse vorgestellt werden. Dabei werden die Faktoren Niederschlagscharakteristik, Substrat/Boden und Hangneigung auf den Oberflächenabfluß und den Stoffaustrag diskutiert (vgl. SCHMIDT 1988).

Betrachtet man den Jahresgang von Niederschlag, Abfluß, Schwebstoff und Lösungsgehalt am Pegel Reinhausen (s. Abb. 4 in PÖRTGE & MOLDE in diesem Band), so wird deutlich, daß der Lösungsgehalt mit Werten zwischen 200 − 400 mg/l den geringsten Schwankungen unterliegt. Die höchsten Schwebstoffgehalte werden im Winterhalbjahr vor allem während des Abflußmaximums, im Sommerhalbjahr durch hohe Niederschlagsintensitäten erreicht (s. Abb. 4, z.B. Niederschlagsspitzen im September). Beispiele für die Hochflutwellen mit hohen Schwebstofffrachten sind in MOLDE & PÖRTGE (1988) dargestellt. Betrachtet man eine vorläufige Stoffbilanz des Gesamteinzugsgebietes und zweier Teileinzugsgebiete (s. Tab. 1), so wird der bekannte Einfluß der Ackerflächen auf eine Zunahme schwebstoffreicher Abflußereignisse (Vergleich von Reinbach − voll bewaldet − und Wendebach mit weniger als 50 % landwirtschaftlicher Nutzfläche) deutlich. Das kleine Teileinzugsgebiet der Hangrunse (4 m eingetieft) im Bereich von Bettenrode erreicht aufgrund der Abflußereignisse von 1988 einen hohen Schwebstoffaustrag (für das Ereignis vom 18.−21.12.1988 ergab sich ein Austrag von 170+/km^2).

Abb. 3
Oberflächenabfluß mit Interflow am 31.12.86 in der oberen Hangrunse von Bettenrode (Foto: Molde)
Surface flow und interflow on 31.12.86 in the gully head waters of Bettenrode

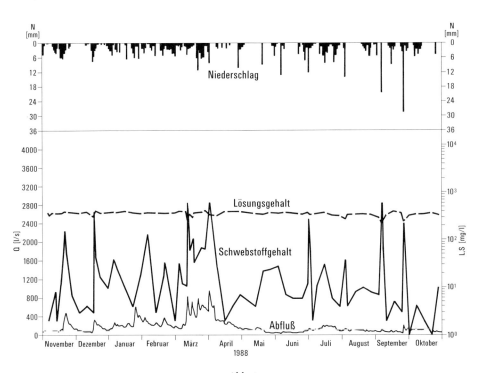

Abb. 4
Jahresgang von Niederschlag, Abfluß, Schwebstoff- und Lösungsgehalt; Pegel W3 — Reinhausen 1988
Annual course of precipitation, runoff, content of suspended and soluted matter — Reinhausen gauge 1988

Tab. 1
*Vergleich der Stoffbilanz von Wendebach und zwei seiner Teileinzugsgebiete
(in t/km²), Lösungsfracht /Feststofffracht
Comparison of matter balance of the Wendebach catchment and two of its subcatchments
(in t/km²), soluted load / solid load*

FE	(km²)	1986/87 WH	1986/87 SH	1987/88 WH	1987/88 SH	1988/89 WH
Wendebach	37,00	46,3/55,3	34,8/7,6	51,3/11,2	56,5/1,3	
Bettenrode	0,05		0,4/1,5	1,5/118	0,3/0,9	0,2/255

		1981/82 WH	1981/82 SH	1982/83 WH	1982/83 SH
Reinbach	4,13	20,0/2,8	7,0/1,2	3,9/0,5	4,1/0,8
(s. RIENÄCKER 1985)					

Sind die hohen Schwebstoffausträge der aktiven Hangrunsen unter Wald auf die Bodenerosion im landwirtschaftlich genutzten Einzugsgebiet zurückzuführen oder welcher Anteil besitzt die Lateralerosion in der Schlucht selbst? Vor allem mit dem Abflußereignis von Dezember 1988 wurden mit 14,2 g/l relativ hohe Schwebstoffkonzentrationen erreicht (s. Abb. 5). Der größte Teil der Feststofffracht sedimentiert am Hangfuß oder in der Talsohle, wo überwiegend schluffige Kolluvialsedimente bis zu einer Mächtigkeit von 5,50 m abgelagert wurden.

Ein Vergleich der von MOLDE (s. MOLDE & PÖRTGE 1988) durchgeführten Feldkastenmessungen zur Erfassung der flächenhaften Bodenerosion im Ackerland mit den Schwebstoffausträgen der Hangrunse zeigt, daß nur ca. 1 bis 5 % aus direktem Bodenabtrag resultiert. Daneben trägt die Abflußkonzentration entlang der landwirtschaftlichen Wege und Fahrspuren sowie subterrane Erosion mit Konzentration des Interflows aus dem Einzugsgebiet der Hangrunse am Beginn des bewaldeten Steilhanges (Einsetzen des Schluchtreißens am Hangknick mit 33 bis 45 % Hangneigung) zur Sedimentbelastung bei.

Die Hauptmenge der hohen Schwebstoffausträge resultiert aus Lateralerosion und linearem subterranen Abfluß (Subrosion), wie die starken Interflow-Austritte während des Abflußereignisses vom Dezember 1988 zeigten (s. Abb. 7).

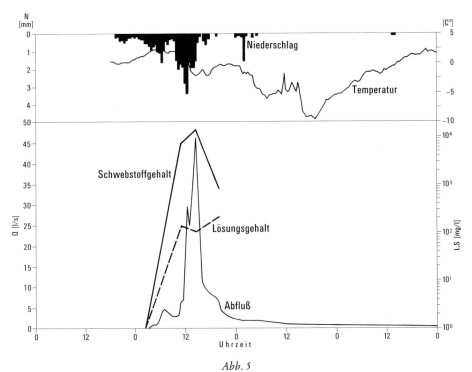

Abb. 5
Niederschlag, Abfluß, Temperatur, Lösungs- und Schwebstoffgehalt – Pegel Bettenrode
18.12. – 21.12.88
Precipitation, runoff, temperature, content of soluted and suspended matter – Bettenrode gauge 18.12. – 21.12.88

Stellt man die erodierte Sedimentmenge der Hangrunse (ca. 700 bis 750 m³) der Schwebstofffracht des Abflußereignisses vom Dezember 1988 gegenüber (ca. 10–12 t, s. Abb. 5), so resultiert eine Zahl von 90 bis 100 solcher Abflußereignisse für die Entwicklung der Hangrunsen. Zeiträume von 50 bis 100 Jahren, wie sie BORK (1988) für die Phasen intensiver Schluchterosion im Lößbergland angibt, sind ausreichend für die Schluchtentwicklung auch unter Wald.

Für die fluviale Abtragung sind somit folgende Faktoren maßgebend:

Das Haupteinzugsgebiet der Hangrunse mit geringer Hangneigung (2 bis 3°) ist nicht bewaldet. Substrat/Bodenbedingungen mit Braunerde-Pelosol auf Röttonen fördern die Oberflächenabfluß- und Interflowbildung (geringe Infiltrationsrate, schnelle Bodenfeuchtesättigung; s. Abb. 6). Anthropogen mitbedingt konzentriert sich der Abfluß am Beginn des bewaldeten Steilhanges. Aufgrund der periglazial angelegten Hangform (Hangmulde) in Verbindung mit dem leicht erodierbaren Lößlehm findet eine schnelle Tieferlegung und Verbreiterung der Hangrunse statt.

Im Bereich der Sandstein-Braunerden sind Trockentäler, jedoch keine aktiven oder inaktiven Runsen anzutreffen. Wie der Gang der Wasserspannung während des Niederschlagsereignisses vom Dezember 1988 (s. Abb. 6) zeigt, infiltriert der Niederschlag bis zum Cv-Horizont (70 bis 90 cm Tiefe), so daß kein oberflächennaher Abfluß eintritt. Die geringe Änderung der Wasserspannung im Braunerde-Pelosol in 40 cm Tiefe weist auf die geringe Wasserdurchlässigkeit und lateralen Hangwasserabzug hin (s. Abb. 6).

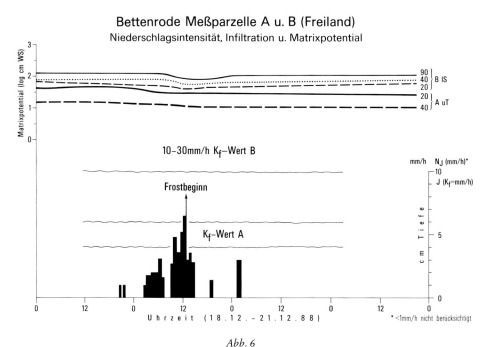

Abb. 6
Niederschlagsintensität, Infiltration und Matrixpotential – Bettenrode 18.12.88 – 21.12.88
Intensity of precipitation, infiltration and matrix potency – Bettenrode 18.12.88 – 21.12.88

Welche Niederschlagsereignisse führen zu kurzfristigen Hochflutwellen im Teileinzugsgebiet Bettenrode?

Vom Winterhalbjahr 1987 bis Frühjahr 1989 wurden 4 Abflußereignisse mit typischen Hochflutwellen und Schwebstoffkonzentrationen von über 10 g/l registriert (s. Abb. 5).

a) Starkregenniederschläge wie im September 1987 führen zu kurzzeitigen Abflußspitzen, der Abflußanteil am Niederschlag liegt unter 10 %.
b) Schneeschmelze (s. 6.3.88 – 13.3.88) führt zu einem langsameren Anstieg der Hochwasserwelle bei hohem Abflußanteil (über 50 %) und geringerer Schwebstofffracht. Erst Schneeschmelze in Verbindung mit ergiebigen Niederschlägen (wie am 28.12.86 – 2.1.87 s. MOLDE & PÖRTGE 1989) führen zu erheblichen Sedimentausträgen.

Abb. 7
Subterrane Erosion unter Wald im Hangeinzugsbereich der aktiven Hangrunse (19.12.88, Foto: Molde)
Subterranean erosion in the wooded slope catchment of the active gully

c) Bodenfeuchtesättigung mit ergiebigen Niederschlägen geringer Intensität führen zu einer sich langsam aufbauenden Hochwasserwelle (31.3. – 4.4.88), der Abflußanteil am Niederschlag liegt über 40–50 %.

d) Der hohe Schwebstoffaustrag im Dezember 1988 bei ungesättigtem Boden ist auf ergiebige Niederschläge mit kurzfristiger Niederschlagsintensität von über 0,1 mm/min und einsetzender Bodengefrornis zurückzuführen.

Der von SCHMIDT (1988) angegebene Schwellenwert der Niederschlagsmenge, die Oberflächenabfluß auslösen (ohne Vorregen), – 7 bis 10 mm – kann danach bestätigt werden. Der Schwellenwert der Niederschlagsintensität von 0,1 mm/min. ist bei einer Kombination von geringer Infiltrationskapazität oder hoher Bodenfeuchte für die Oberflächenabflußbildung nicht immer erforderlich.

Danksagung

Die Autoren danken der Deutschen Forschungsgemeinschaft für die finanzielle Förderung dieses Teilprojektes im Rahmen des DFG-Schwerpunktprogrammes „Fluviale Geomorphodynamik im jüngeren Quartär".

Literatur

AHRENSHOP, D.(1978): Der Einfluß des Wendebach-Stausees auf den Stoffhaushalt des Wendebaches und seine Veränderungen (Sep. 1977–Aug. 1978). – Staatsexamensarb. im Fach Geographie, Göttingen.

BARSCH, D. & H. WIMMER (1988): Hangrunsen in Mitteleuropa – die Bedeutung der Subrosion aufgrund der Untersuchungen am Hollmuth bei Heidelberg. – Heidelberger Geogr. Arb. 66: 251–263.

BORK, R.(1983): Die holozäne Relief- und Bodenentwicklung in Lößgebieten. – Catena, Suppl. Bd. 3: 1–93.

–,– (1988): Bodenerosion und Umwelt. – Landschaftsgenese und Landschaftsökologie 13.

BRUNOTTE, E., K. GARLEFF & H. JORDAN (1985): Die geomorphologische Übersichtskarte 1 : 50 000 zu Blatt 4325 Nörten-Hardenberg der Geologischen Karte Niedersachsens 1 : 25 000. – Z. dt. geol. Ges. 136:277–285.

CHANG, H.H., W.L. GRAF et al.(1982): Relationships Between Morphology of Small Streams and Sediment Yield. – ASCE 108: 1328–1365.

DIKAU, R.(1986): Experimentelle Untersuchungen zu Oberflächenabfluß und Bodenabtrag von Meßparzellen und landwirtschaftlichen Nutzflächen. – Heidelberger Geogr. Arb. 81.

DVWK (1984): Ermittlung der Stoffdeposition in Waldökosystemen. – Regeln 122.

GEROLD, G.(1987): Vegetationsdegradation und fluviatile Bodenerosionsgefährdungen in Südostbolivien. – Habilitationsschrift, Hannover.

HAMEL, G.(1983): Die Abflußverhältnisse des Wendebaches und der Dramme bei Göttingen und ihre Abhängigkeit von der Niederschlagsintensität. Ein hydrologischer Vergleich. – Diplomarb. im Fach Geographie, Göttingen.

HÜLSEBUSCH, K. (1983): Der Gang der Bodenfeuchte an unterschiedlichen Standorten des Reinhäuser Waldes von August 1982 bis Januar 1983. – Staatsexamensarbeit im Fach Geographie, Göttingen.

KNISEL, W.G. et al.(1980): CREAMS – A Field Scale Model for Chemicals, Runoff and Erosion from Agricultural Management Systems. – Conservation Research Report 26.

LESER, H.(1988): Bodenerosionsforschung – Wandel eines Projektes. – Regio Basiliensis XXXIX, 1/2: 1–8.

MEIWES, K.J. et al.(1984): Die Erfassung des Stoffkreislaufs in Waldökosystemen. – Ber. d. Forschungszentrums Waldökosysteme/Waldsterben 7: 8–142.

MOLDE, P. & K.-H. PÖRTGE (1988): Untersuchungen zur aktuellen fluvialen Geomorphodynamik im Einzugsgebiet des Wendebaches (Südniedersachsen). – Univ. Trier, Forschungsstelle Bodenerosion 4: 7–25.

–,– (1989): Sedimentablagerung im Rückhaltebecken des Wendebaches – dargestellt am Beispiel eines Schneeschmelzabflusses im Winter 1986/87. – Z. f. Kulturtechnik und Landentwicklung 30: 27–37.

MOSIMANN, T.(1983): Ein Tankverdunstungsmesser nach dem Filterpapierprinzip zur Bestimmung des Verdunstungsanspruchs der Luft. – Arch. Met. Geoph. Bioch., Ser. B 33: 289–299.

NIEHOFF, N.(1982): Nährstoffaustrag bei rein agrarischer Nutzung im Einzugsgebiet des Wöllmarshauser Baches (Südniedersachsen). – Diplomarb. im Fach Geographie, Göttingen.

PÖRTGE, K.-H.(1979): Oberflächenabfluß und aquatischer Materialtransport in zwei kleinen Einzugsgebieten östlich Göttingen. – Diss. Göttingen.

–,– & I. RIENÄCKER (1989): Beziehungen zwischen Abfluß und Ionengehalt in kleinen Einzugsgebieten des südniedersächsischen Berglandes. – Erdkunde 43:58–68.

RICHTER, G.(Hrsg.)(1976): Bodenerosion in Mitteleuropa. – Darmstadt.

–,– (1977): Bibliographie zur Bodenerosion und Bodenerhaltung 1965–1975. – Univ. Trier, Forschungsstelle Bodenerosion 2.

RIENÄCKER, I.(1985): Wasserhaushalt und Stoffumsatz in einem bewaldeten Einzugsgebiet im mittleren Buntsandstein südöstlich Göttingen (Reinhäuser Wald) unter besonderer Berücksichtigung aktueller Witterungsabläufe. – Diss. Göttingen.

ROHDENBURG, H., B. DIEKKRÜGER & H.R. BORK (1986): Deterministic Hydrological Site and Catchment for the Analysis of Agroecosystems. – Catena 13: 119–137.

SCHMIDT, R.-G.(1988): Vom Niederschlag zum Oberflächenabfluß – Bedeutung und Funktion ausgewählter Parameter. – Univ. Trier, Forschungsstelle Bodenerosion 4: 37–51.

SEILER, W.(1983): Bodenwasser- und Nährstoffhaushalt unter Einfluß der rezenten Bodenerosion am Beispiel zweier Einzugsgebiete im Baseler Tafeljura bei Rothenfluh und Anwil. -Physiogeografica 5.

SMITH, R.E. & W. G. KNISEL (1985): Summary of Methodology in the CREAMS 2 Model. – In: Proceedings of the Natural Resources Modeling Symposium, Pingree Parle, CO, ARS 30: 33–36.

STRAUBEL, K.M.(1978): Wasserchemische Untersuchungen an kleinen Fließgewässern im Einzugsbiet der Dramme. – Staatsexamensarb. im Fach Geographie, Göttingen.

TOY,T.J. (Hrsg.)(1977): Erosion: Research Techniques, Erodibility and Sediment Delivery. – Norwich.

URLAND, K.(1987): Untersuchungen zur Boden- und Grundwasserdynamik in einem landwirtschaftlich genutzten Wassereinzugsgebiet als Voraussetzung für die Kalibrierung und Anwendung deterministischer Modelle der Wasserflüsse. – Landschaftsgenese und Landschaftsökologie 12.

Anschriften der Autoren

Prof. Dr. Gerhard GEROLD, Institut für Geographie und Geoökologie der Universität Karlsruhe, Kaiserstr. 12, D-7500 Karlsruhe; Dipl. Geogr. Peter MOLDE, Geographisches Institut der Universität Göttingen, Goldschmidtstr. 5, D-3400 Göttingen.

ASPEKTE FLUVIALEN SEDIMENTTRANSFERS IN DER ALPINEN PERIGLAZIALSTUFE –
vorläufige Ergebnisse zu Geröll- und Lösungsfracht im Glatzbach, südliche Hohe Tauern

Von THOMAS HÖFNER, Bamberg

Mit 6 Abbildungen

Zusammenfassung: Die Messung einzelner Parameter fluvialen Sedimenttransfers in der periglazialen Höhenstufe der Zentralalpen erbrachte als vorläufiges Ergebnis eine lokal wichtige Rolle des Lösungsaustrages und eine relativ untergeordnete Bedeutung der Geröllfracht, insbesondere im Vergleich mit vergletscherten Einzugsgebieten bzw. mit dem arktischen Periglazialraum.

[Aspects of Fluvial Sediment Transfer in a Periglacial Catchment, Central Alps, Austria]

Summary: Measurements of fluvial sediment transfer in a periglacial catchment in the central Alps of Austria furnished preliminary results concerning the parameters bedload and dissolved solids. Bedload was collected in the pond of a broad-crested compound V-notch weir with a trap efficiency of 100 %. TDS concentrations were determined by standard methods using automatic pumping sampler equipment and a conductometer with temperature compensation. TDS load, spatial distribution of baseflow conductivities and morphological evidence suggest a relatively high amount of solutional activity even in the mostly unvegetated parts of the catchment characterized by active solifluction. Loads for the 1988 runoff season amounted to 66 metric tons per square kilometre for dissolved solids and 28 to/sqkm for bedload. In the alpine nival regime of the studied torrent, 90 % of this bedload was transported by runoff events originating from spring snowmelt. As the observed bedload rate is at least one order of magnitude lower than rates for arctic nival or alpine proglacial catchments cited in the literature and dissolved load is unusually high, our findings point towards a different state of dynamic equilibrium in such periglacial alpine environments. From a paleohydrological view, the ultimate aim of our study will be the modelling of runoff and sediment transfer conditions created by varying spatial extents of the active solifluction zone and the alpine meadow zone during the Holocene.

1. Einführung

Im Rahmen des DFG-Schwerpunktprogramms „Fluviale Geomorphodynamik im jüngeren Quartär" wird vom Lehrstuhl für Physische Geographie an der Universität Bamberg mit der Auswahl eines kleinen instrumentierten Einzugsgebietes in der alpinen Höhenstufe der Zentralalpen versucht, den Hochgebirgsaspekt dieser Untersuchungsreihe abzudecken. In der Vorlaufphase des Programms wurde seit Sommer 1985 mit dem Einbau von Pegelschreibern und der Durchführung erster Messungen zu Abfluß und Transportkapazität begonnen. Diese Voruntersuchungen lieferten unter anderem wichtige Hinweise für Standortplanung und Dimensionierung der späteren Meßstationen. Personelle und finanzielle Schwierigkeiten und nicht zuletzt die zeitweilige Unzugänglichkeit des Geländes brachten es mit sich, daß die vorgesehene Instrumentierung erst im Herbst 1988 bis auf wenige Ausnahmen abgeschlossen werden konnte. Dennoch liegen für die Pegelstation im Hauptgerinne aus der Erprobungsphase der Meßgeräte zumindest für die Parameter Abfluß und Lösungsfracht genügend Daten vor, die für das Kalenderjahr 1988 eine erste vorsichtige Bilanzierung auf der Basis vorläufiger Eichkurven ermöglichen. Direkte Vergleichsmöglichkeiten ergeben sich weiterhin mit der Geröllfracht, die im Staubecken der Meßstelle vollständig aufgefangen werden konnte.

2. Gebietscharakteristika

Bedingt durch seine Lage auf der Glocknersüdseite, d.h. geologisch in der Matreier Schuppenzone, die den randlichen Abschluß des Tauernfensters bildet, wird das 1,3 km^2 große Einzugsgebiet des Glatzbachs von einem bunten Gemisch von Quarz- und Kalkphylliten unterlagert, mit gelegentlichen Vorkommen von Dolomiten, Kalken und Marmoren (CORNELIUS & CLAR 1939). Das Anstehende wird dabei stellenweise von einer geringmächtigen Auflage aus Solifluktionsschutt und Moränenmaterial verhüllt. Mit Höhenlagen zwischen 2450 und 2900 m NN hat das Einzugsgebiet Anteil an der mittleren und oberen alpinen Stufe mit einer entsprechenden, durch Exposition und edaphische Gegebenheiten noch zusätzlich modifizierten Vegetationsdifferenzierung. Diese Höhenspanne von 450 m auf 1500 m Horizontaldistanz ergibt weiterhin eine beachtliche Reliefenergie, wobei das mittlere Gefälle des Hauptgerinnes immerhin 18 % beträgt. Die geomorphologisch „weichen" Gesteine begünstigen ein reiches Spektrum periglazialer Formen (STINGL 1969), wovon die Vorkommen unterhalb ca. 2600 m NN als reliktisch anzusprechen sind (VEIT 1988). Oberhalb dieser Höhengrenze charakterisieren hohe Materialverlagerungsraten und diskontinuierlicher Permafrost den rezent aktiven Periglazialraum (VEIT ebd.). In dieser Stufe herrschen auf bewegtem Schutt Rohböden vor, die restlichen Flächenanteile werden von einem gut entwickelten alpinen Podsol eingenommen (VEIT ebd.).

3. Meßmethodik

Die Hauptmeßstelle am Einzugsgebietsausgang ist mit einem breitkronigen 45- und 120-Grad Doppel-V-Wehr (Stahlblechkonstruktion mit Betonkern) und einem mechanischen Bandpegelschreiber ausgestattet. Die noch nicht abgeschlossene Anpassung der durch die Wehrgeometrie definierten theoretischen Eichkurve erfolgt mittels Gefäß- und Flügelmessungen. Ein über Durchflußcomputer angesteuerter 24-Flaschen-Einzelprobennehmer mit solarer Stromversorgung erlaubt je nach Ereignischarakteristik sowohl eine kontinuierlich-zeitproportionale (Schneeschmelze) wie auch ereignisorientiert-strömungsproportionale

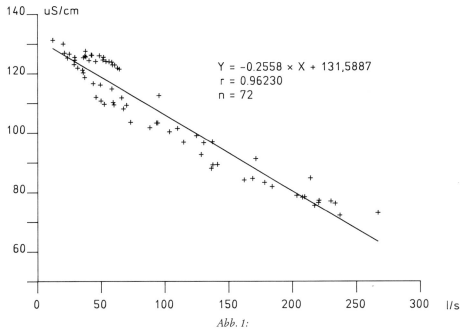

Abb. 1:
Glatzbach Pegel 1, Tagesmittel Abfluß / Tagesmittel Leitfähigkeit
Glatzbach gauge 1, daily means of runoff / daily means of conductivity

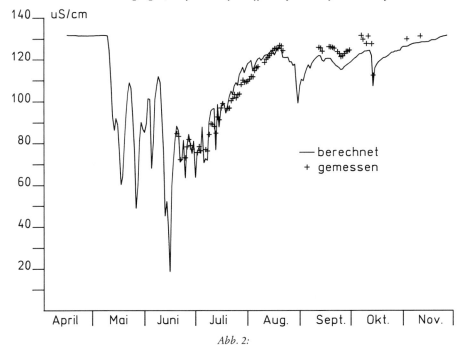

Abb. 2:
Glatzbach Pegel 1, Tagesmittel Leitfähigkeit, berechnet und gemessen
Glatzbach gauge 1, daily means of conductivity, calculated and measured

(überwiegend Sommer/Herbst) Probenentnahme. Im Feldlabor auf der Glorer Hütte stehen ein Leitfähigkeitsmeßgerät mit automatischer Temperaturkompensation, eine Filtriereinrichtung mit handbetriebener Vakuumpumpe sowie Trockenbehälter für die 0,45 m Membranfilter zur Verfügung. Für Lagerung und Rücktransport der Proben werden PE-Flaschen und Isolierbehälter mit Kühlelementen benutzt.

4. Leitfähigkeit und Lösungsfracht

Nachdem Leitfähigkeitsmessungen zur Bestimmung der Gesamtlösungsfracht schon seit einigen Jahren erfolgreich eingesetzt werden (WALLING 1984) und sich auch in kalten, gering konzentrierten Oberflächengewässern im wesentlich bewährt haben (FENN 1987, THOMAS 1986), wurden für den Glatzbach keine größeren Schwierigkeiten für die Aufstellung einer Abfluß – Leitfähigkeitsbeziehung erwartet. Abb. 1 und 2 zeigen denn auch eine sehr hohe Korrelation und eine gute Übereinstimmung von berechneten und gemessenen Werten, wobei eine Zweiteilung der Eichkurve für Schneeschmelze einerseits und Sommer/Herbst anderseits für die Zukunft noch bessere Ergebnisse erwarten läßt, da momentan (siehe Abb. 2) die Lösungsfracht außerhalb der Schneeschmelze noch etwas unterschätzt wird.

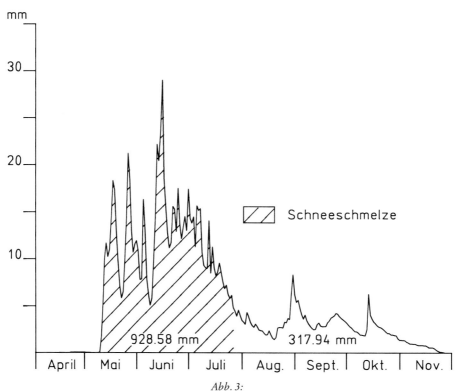

Abb. 3:
Glatzbach Pegel 1, täglicher Gebietsabfluß 1988
Glatzbach gauge 1, daily runoff on areal basis for 1988

Die normale Temperaturkompensation des Leitfähigkeitsmeßgerätes von 2,2 % je Grad C zur Referenztemperatur von 25 Grad C hat sich dabei im Rahmen dieser Messungen als ausreichend erwiesen, so daß bei der Korrelation mit über den Abdampfrückstand bestimmten Gesamtlösungskonzentrationswerten (TDS) keine Probleme auftraten (r = 0,93699 bei n = 135). Für die Regressionsberechnung wurde bei der relativ geringen Gebietsgröße und kurzen Laufstrecke Tagesmittelwerten (berechnet aus Stundenwerten bzw. strömungsproportionalen Werten über Flächenintegration) gegenüber diskreten Werten der Vorzug gegeben, um Phasenverschiebungs- und Hystereseeffekte zu vermeiden. Die sich abzeichnende lineare Verdünnung mit steigendem Abfluß läßt für künftige chemische Detailanalysen weder einen hohen Anteil des atmosphärischen Eintrags erwarten, noch einen hohen Prozentsatz von Ionen, deren Konzentration oft mit steigendem Abfluß konstant bleibt oder gar zunimmt (zB. Cl, SO_4). Mit Feldmethoden (Titration mit Visicolor bzw. Duroval, eingestellt auf 1 ppm bzw. 0,1 Grad dH Genauigkeit) gemessene hohe Kalzium- und Karbonathärteanteile an der Gesamthärte, die wiederum etwa 90 – 95 % der Gesamtlösungsfracht ausmacht, sowie der vergebliche Versuch, Sulfat nachzuweisen, deuten im wesentlichen auf Kalziumverbindungen hin. In diesem Zusammenhang scheint die Analyse einer ersten Schneeprobe, gezogen am 20.04.1989, die Vermutung bezüglich eines vernachlässigbar geringen atmosphärischen Eintrags zu bestätigen. Dabei liegt die gemessene TDS-Konzentration mit 1,5 mg/l

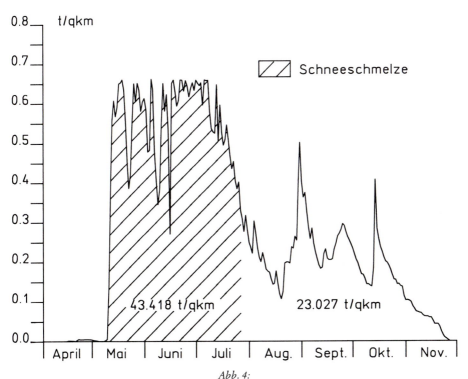

Abb. 4:
Glatzbach Pegel 1, Tagessummen Gesamtlösungsfracht 1988
Glatzbach gauge 1, daily sums of TDS load for 1988

im Bereich des zu erwartenden Wägefehlers. Die Werte im Glatzbach während der Schneeschmelzperiode 1988 lagen dagegen zwischen 30 und 50 mg/l.

In Abbildung 3 und 4 sind die aus kontinuierlichen Pegelaufzeichnungen errechneten Abflußwerte den aus der Abfluß-Leitfähigkeitsbeziehung errechneten Frachtraten gegenübergestellt. Es ergibt sich ein deutliches Übergewicht der Schneeschmelze in beiden Fällen, wobei jedoch im Sommer/Herbst wegen des dann allgemein höheren Konzentrationsniveaus einzelne Abflußereignisse noch wesentliche Mengen transportieren können. So wird das Abflußverhältnis Schneeschmelze : Sommer/Herbst von grob 3 : 1 bei der Lösungsfracht auf grob 2 : 1 nivelliert. Abbildung 3 verdeutlicht weiterhin das alpin nivale Regime des Glatzbachs, wobei sich als Teilabschnitte Auftauperiode, Schneeschmelzhochwasser, Schneeschmelzrezession, durch Sommerniederschläge ausgelöste Abflußereignisse und Einfrierperiode ausgliedern lassen. Insgesamt ergeben sich deutliche Gemeinsamkeiten mit dem arktisch nivalen Regime (vgl. FRENCH 1976).

5. Differenzierung der Lösungstätigkeit

Eingedenk der zweifelhaften geomorphologischen Interpretationsfähigkeit von Lösungsraten (PRIESNITZ 1974, WALLING 1984) und in Erwartung detaillierterer Meßergebnisse aus zwei instrumentierten Teileinzugsgebieten, soll hier zunächst nur versucht werden, die Differenzierung der Lösungstätigkeit im Einzugsgebiet allgemein zu charakterisieren.

Dies ist quantitativ durch flächendeckende Leitfähigkeitsmessungen bei Basisabfluß an Quellaustritten und Oberflächengewässern möglich (WALLING & Webb 1975). Eine qualitative Einschätzung kann über die Intensität und flächenhafte Differenzierung von Lösungskleinformen erfolgen.

Die angesprochenen Leitfähigkeitsmessungen wurden am 29.09.1988 durchgeführt, nach einer längeren Periode ohne Niederschläge. Die Meßergebnisse sind in Abbildung 5 mit den Gebietsparametern Vegetationsbedeckung, Geologie und Topographie in Beziehung gesetzt. Sie verdeutlichen, daß die erwarteten Auswirkungen der im wesentlichen durch Höhenlage und Exposition gesteuerten Vegetationsbedeckung auf die Lösungstätigkeit offenbar kräftig von den lithologischen Gegebenheiten überlagert werden. So finden sich in der alpinen Rasenstufe konstant hohe Leitfähigkeitswerte im Bereich des Kalkphyllits, die am Übergang zu den Quarzphylliten stellenweise um den Faktor 2 bis 3 abnehmen, während dort, offenbar mit verursacht durch stark wechselnde Kalkgehalte des Quarzphyllits, die Meßwerte ein sehr uneinheitliches Bild bieten und kleinräumig um den Faktor 2 bis 7 streuen können. Besonders auffällig sind die flächenhaft auftretenden relativ hohen Leitfähigkeitswerte im weitgehend vegetationsfreien oberen Teil des Einzugsgebietes, die ungeachtet der Tatsache, daß sie in ihren Absolutwerten wohl durch einen hohen Anteil von Dolomit- und Kalkschutt in den oberen Talschlüssen erklärt werden, doch auf ein starkes Lösungspotential in den ständig sehr gut durchfeuchteten Schuttloben der rezent aktiven Periglazialstufe hindeuten.

Von diesen Loben gesammelte Dolomit- und Kalkhandstücke zeigen denn auch allseitig einen durch 1–3 cm hoch herauspräparierte Quarzgänge sehr gut nachweisbaren Volumenverlust. Die absolute Oberflächenerniedrigung ist auf anstehendem Dolomit und Kalk mit derselben Methode zu fassen, wobei subaerisch ein ganzes Spektrum von Mikroformen auftritt (Spitzkarren, pittings u.ä.). Linienhafter Lösungsabtrag äußert sich hier im Auftreten von Kluftkarren von 5 bis 20 cm Tiefe, die ihrer Ausprägung nach jedoch als exhumierte, ehemals subkutane Bildungen anzusprechen sind, deren Anlage wohl auf eine günstigere Klimaphase mit weitreichenderer Bodenbedeckung zurückgeht. Die Kalk- und Quarzphyllite des Einzugsgebiets zeigen keine oberflächlichen Lösungsformen. Dort dürfte sich die Abfuhr an Gelöstem hauptsächlich in einer Dichteverminderung und der Schaffung von Angriffsbahnen für die Frostverwitterung äußern (WALLING 1984).

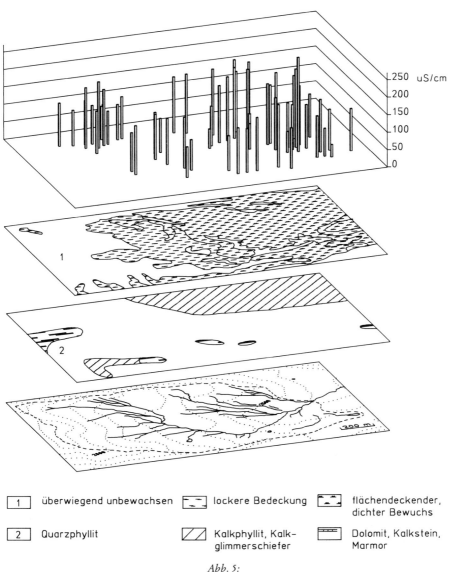

Abb. 5:
Leitfähigkeitswerte und Gebietsparameter
Baseflow conductivities and area characteristics

6. Geröllfracht

Die Unterscheidung von Geröllfracht und Suspensionsfracht in Gebirgsbächen ist bei geringen Wassertiefen und überwiegend schießendem Abfluß auf den steps und ruhigerem Wasser in den pools nur recht willkürlich zu treffen, da selbst die gröbsten Komponenten stellenweise in Suspension bewegt werden, so daß die gemessenen Mengen oft wesentlich von der angewandten Meßtechnik und der Auswahl der Meßstelle abhängen. Ähnliches gilt für die vielfach zur Messung der Suspensionsfracht eingesetzten automatischen Probennehmer, wobei hier die aufgefangenen Korngrößen im oberen Bereich hauptsächlich durch Saughöhe, Schlauchquerschnitt und Pumpgeschwindigkeit der verschiedenen Typen bestimmt werden. Dies stellt natürlich allgemein die Frage nach der Vergleichbarkeit entsprechender Untersuchungen, besonders aber zwischen Hochgebirge und Flachland. Ein möglicher Ausweg kann darin liegen, die im Stillwasserbereich des Wehr-Staubeckens abgesetzten Anteile der Schluff- und Sandfraktion erst einmal zur Geröllfracht zu schlagen und über eine entsprechende Positionierung der Probennehmer-Saugleitung als Suspensionsfracht nur den Feinschwebanteil (wash load) zu messen, welcher auch in ruhigerem Wasser für längere Zeit in Suspension bleibt und typenunabhängig von jedem Probennehmer verlustfrei erfaßt werden kann. Für Vergleiche mit anderen Untersuchungsgebieten lassen sich dann über die Korngrößenverteilung der Staubeckensedimente entsprechende Mengen zum Schweb hinzuaddieren.

Im Abflußjahr 1988 wurden so 22 Kubikmeter Feststoffe im Staubecken der Meßstelle aufgefangen, was bei einer mittleren Dichte des getrockneten Materials von 1,653 eine Bett- bzw. Geröllfracht von 36,4 t ergibt, wovon 90 % während der Schneeschmelze transportiert wurden. Die gröbsten aufgefangenen Komponenten erreichten nur etwa Faustgröße, was

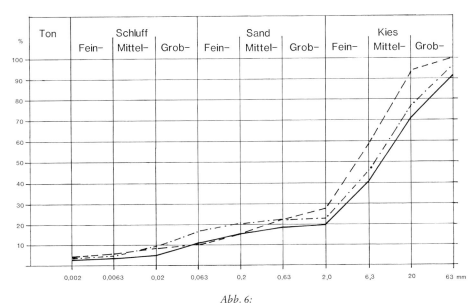

Abb. 6:
Korngrößen der Staubeckensedimente
Grain size of sampled bedload

hauptsächlich in der Gesteinseigenart begründet liegt, welche eine schnelle Zerlegung in kleinere Komponenten begünstigt. Das Korngrößendiagramm (Abb. 6) zeigt so einen deutlichen Überhang im Fein- und Mittelkiesbereich, wobei die Anteile der Schluff- und Feinsandfraktion durch Zerfall des Materials bei der Siebfraktionierung künstlich erhöht sind. Insgesamt zeigen die seit 1985 durchgeführten Versuche mit markierten Geschieben, daß die Transportkapazität des Baches wesentlich höher ist, wobei Grobkomponenten von bis zu 15 cm Kantenlänge im Jahresverlauf teilweise mehrere 100m weit bewegt werden können. Auch wird aus dem Stauraum ausgeschaufeltes Material in der Regel schon bei Basisabfluß ohne Schwierigkeiten weitertransportiert, so daß der Gerölltransport im Glatzbach im wesentlichen von der Materialbereitstellung in den Liefergebieten gesteuert wird.

7. Zusammenfassung und Ausblick

Die bisherigen Meßergebnisse deuten auf eine lokal wichtige Rolle des Lösungsabtrags in der periglazialen alpinen Höhenstufe hin, besonders im Vergleich zum Gerölltransport, der ebenfalls für das Jahr 1988 volumetrisch bestimmt werden konnte. So stehen einer Lösungsfracht von unbereinigt insgesamt 66 t/km^2 (inklusive atmosphärischem Eintrag) nur 28 t/km^2 Geröll entgegen. Nach zuletzt von GURNELL (1987) zusammengefaßten Daten ergeben sich so markante Unterschiede zum Sedimenttransfer in vergletscherten alpinen Einzugsgebieten sowohl in Bezug auf die Größenordnung des Gerölltransports (zB. Tsidjiore Nouve, Schweiz, 1981 : 1333 t/km^2, 1982 : 896 t/km^2, meine Umrechnung), als auch in Bezug auf die Relation zwischen den genannten Parametern (zB. Hilda Gletscher, Kanada, Lösungsfracht 1977 : 19 t/km^2, 1978 : 13 t/km^2; Geröllfracht 1977 : 350 t/km^2, 1978 : 438 t/km^2, meine Umrechnung). Für den arktischen Periglazialraum scheint sich in diesem Zusammenhang ein noch größeres Übergewicht der Geröllfracht anzudeuten. FRENCH (1976) führt dazu als Beispiel die Arbeit von CHURCH (1972) über Baffin Island an, bemerkt aber einschränkend, daß es sich bei den angegebenen Geröllmengen wie so oft nicht um wirklich gemessene Größen handelt. Insgesamt stellt sich außerdem die Frage nach der Vergleichbarkeit verschieden großer Einzugsgebiete, wobei eine unverhältnismäßig hohe Geröllfracht u.U. darauf hindeuten kann, daß entsprechende Gebiete den Zustand eines dynamischen Gleichgewichts noch nicht wieder erreicht haben und hier eiszeitlich zwischengelagerte Sedimente durch Ufer- bzw. lineare Tiefenerosion mobilisiert werden, so daß die gemessenen Transportraten für den gegenwärtigen Abtrag von der Fläche m.E. nur geringe Aussagekraft besitzen. Aufgabe der nächsten Jahre wird es sein, das sich hier abzeichnende Bild alpinen periglazialen Sedimenttransfers durch Hereinnahme des Parameters Suspensionsfracht und durch Auswertung der Meßergebnisse aus den Teileinzugsgebieten weiter zu differenzieren. Auch sollte es möglich sein, im Zusammenhang mit dem ebenfalls im Einzugsgebiet gelegenen periglazialmorphologischen Meßfeld der Universität Bayreuth (VEIT ebd.), den wechselseitigen Abhängigkeiten von Hangdynamik und fluvialer Dynamik meßtechnisch näher zu kommen. Endziel muß dabei nach der Schaffung einer entsprechenden Datenbasis sein, die an der Hauptmeßstelle einlaufende Mischinformation aus der alpinen Rasenstufe einerseits und der rezent aktiven Periglazialstufe andererseits nach den jeweiligen Anteilen aufzuschlüsseln. Bezogen auf die Paläohydrologie des Holozäns könnten so die Auswirkungen wechselnder Flächenanteile beider Stufen auf Abfluß- und Transportverhalten zumindest ansatzweise simuliert werden.

Literatur

CHURCH, M. (1972): Baffin Island sandurs; a study of Arctic fluvial processes. − Geological Survey Canada, Bulletin 216.

CORNELIUS, H.P. & E. CLAR (1939): Geologie des Großglocknergebietes. − Abh. d. Zweigst. Wien d. Reichsst. f. Bodenforschung, 25 (1).

FENN, C.R. (1987): Electrical conductivity. − GURNELL & CLARK (eds.): Glaciofluvial sediment transfer: 377 − 414, Chichester.

FRENCH, H.M. (1976): The periglacial environment, London.

GURNELL, A.M. (1987): Fluvial sediment yield from Alpine, glacierized catchments. − GURNELL & CLARK (eds.): Glaciofluvial sediment transfer: 415 − 420, Chichester.

PRIESNITZ, K. (1974): Lösungsraten und ihre geomorphologische Relevanz. − Abh. Akad. Wiss. Göttingen, Math.-Phys. Kl., 3. Folge, 29: 68 − 85.

STINGL, H. (1969): Ein periglazialmorphologisches Nord-Süd-Profil durch die Ostalpen. − Göttinger Geogr. Abh. 49.

THOMAS, A.G. (1986): Specific conductance as an indicator of total dissolved solids in cold, dilute waters. − Hydrological Sciences Journal des Sciences Hydrologiques, 31 (1): 81 − 92, Oxford.

VEIT, H. (1988): Fluviale und solifluidale Morphodynamik des Spät- und Postglazials in einem zentralalpinen Flußeinzugsgebiet (südliche Hohe Tauern, Osttirol). − Bayreuther Geowiss. Arb. 13.

WALLING, D.E. (1984): Dissolved loads and their measurement. − HADLEY & WALLING (eds.): Erosion and sediment yield: some methods of measurement and modelling: 111 − 177, Norwich.

WALLING, D.E. & B.W. WEBB (1975): Spatial variation of river water quality: a survey of the River Exe. − Transactions, Institute of British Geographers, 65: 155 − 169.

Anschrift des Autors:

Thomas HÖFNER, Lehrstuhl II für Geographie an der Universität Bamberg, Am Kranen 12, D-8600 Bamberg

AKTUELLE ABTRAGUNGSVORGÄNGE IN KERBTÄLCHEN UND RUNSEN UNTER WALD

Von KLAUS-MARTIN MOLDENHAUER & GÜNTER NAGEL, Frankfurt

mit 5 Abbildungen

Zusammenfassung: Mittels eines Vergleichs von Feststoff- und Lösungsaustrag durch die Vorfluter bewaldeter Kleineinzugsgebiete mit unterschiedlichen hydrologischen Konditionen sollen im Rahmen des DFG-Schwerpunktprogramms die aktuellen morphodynamischen Prozesse in den Mittelgebirgsregionen von Odenwald und Taunus quantitativ erfaßt und eventuelle Gemeinsamkeiten und Unterschiede im Abtragsgeschehen erkannt werden.

Über Meßstellen, die am Talausgang der Runsen installiert wurden, werden der Stoffaustrag und die ihn steuernden hydrometeorologischen Parameter aufgezeichnet.

Erste Ergebnisse zeigen den starken Einfluß den die Niederschlagsstruktur und das Relief auf Abflußdynamik und Sedimentaustrag ausüben. Über eine vorläufige Kalkulation des jährlichen Feststoffaustrags ergeben sich Hinweise auf einen Zusammenhang von Sedimentfrachtmengen und Einzugsgebietsgröße.

Wie sich diese Ergebnisse in Beziehung zur Genese der recht jungen Hohlformen setzen lassen, läßt sich erst klären, wenn auf einen längeren Beobachtungszeitraum zurückgegriffen werden kann.

[Present-day erosion process in forest covered gully-streams]

Summary: Within the research program "Fluvial Morphodynamic Processes in the Late Quaternary" supported by the "German Research Community" (DFG), the erosion processes in small drainage systems in wooded areas are investigatet by the Institute of Geography of the J.W. Goethe University since 1985.

The research areas are located in the uplands of Taunus and Odenwald. Their extension is about 76.000 m² to 140.000 m², combining small systems with lengths of only 250–300 m.

The discharge values amount to approximately 1–2 l/s.

In order to get information about
- processes wich are responsible for the production of gullies in the past and at the present time
- rates of actual erosion or denudation
- the influence of landuse an of environmental conditions a particular measuring-program is used in several catchment areas with various geological and hydrological conditions.

Regarding this the measurement of the sediment load (incl. disolved load) in the channel runoff is of special importance, since the sediment yield represents overall catchment denudation processes and erosional events.

Specially designed gauging stations were installed at the catchment releases to record precipitation-, discharge-, and sediment yield data.

First results show the main important influence of precipitation structure and intensity on peak-flows and sediment yield as well as in Odenwald (characterized by granodiorite bedrocks) as in Taunus with shale-stone bedrocks. Concerning subject catchments the most essential factor is represented by a very fast transformation of precipitation input into concentrated discharge combined with high sediment transportation rates.

Thus much of the sediment yield per year is caused by few but intensive peak-flows. For example on 04.12.88 in 24 hours 27.4 % of the total annual bed-load were washed out of catchment Taunus "A" during a single storm event.

The disolved-load is much more higher than the bed-load wich achieves only 10 % of the total annual sediment yield. The total sediment output of the "Odenwald-catchment" e.g. amounts to 7.2 t/a.

Since the above described drainage systems seem to be of medieval age the data obtained up-to-now are not secured. Investigations must be strengthned and the observation period extended in order to proof these temporary values.

1. Einführung

Im Rahmen des DFG-Schwerpunktprogramms „Fluviale Geomorphodynamik im jüngeren Quartär" führen wir seit 1985 Untersuchungen zur fluvialen Morphodynamik in den Mittelgebirgsregionen Odenwald und Taunus durch. Mit dem Forschungsprojekt soll ein Beitrag zur Frage des holozänen und aktuellen Abtragsgeschehens in kleinen Einzugsgebieten unter Wald geleistet werden. Untersucht werden dabei in erster Linie Runsen mit perennierendem Abfluß, wie sie auf bewaldeten Hängen unterschiedlicher Neigung in den Mittelgebirgen häufig vorkommen (vgl. u.a. BORK 1983, LINKE 1963, RICHTER 1965, 1976).

Aus der Kombination der in der klassischen Geomorphologie bewährten historisch-genetischen Arbeitsweise mit der quantitativen Prozessforschung werden neue Erkenntnisse über die holozäne Entwicklung dieser fluvialen Kleinformen erwartet.

Der Schwerpunkt der Untersuchungen liegt dabei auf der Messung des Sedimentaustrags durch die Vorfluter, wobei Menge und Varianz der Feststoff- und Lösungsfracht als Indikator für morphodynamische Prozesse im Einzugsgebiet betrachtet werden. Gleichzeitig werden auch die den Sedimentaustrag steuernden hydrometeorologischen Parameter Niederschlag und Abfluß kontinuierlich erfaßt. So lassen sich die Sedimentmengen in Beziehung zum jahreszeitlich wechselnden Witterungsablauf setzen.

Der Einfluß bestimmter Geofaktoren wie Gestein, Deckschichten, Boden und Waldbestand soll aus dem Vergleich zweier unterschiedlich ausgestatteter Einzugsgebiete abgeleitet werden.

Es soll geprüft werden, bis zu welchem Grade allgemeingültige Aussagen für die aktuelle Morphodynamik im Bereich kleiner Fließgewässer in Waldgebieten getroffen werden können, und ob die aktuellen Formungsvorgänge Rückschlüsse auf die Formengenese erlauben.

Nach dem derzeitigen Forschungsstand zu urteilen, erfolgte die Anlage und die Weiterentwicklung der Runsensysteme unter sehr unterschiedlichen Bedingungen. Dies betrifft sowohl die regionale Differenzierung der Formen als auch die zeitliche Abfolge von Aktivitäts- und Stabilitätsphasen in der Reliefentwicklung.

Die die Formenentwicklung steuernden morphodynamischen Prozesse unterliegen zweifellos bestimmten Gesetzmäßigkeiten, denen auch die aktuell beobachtbaren Formungsvorgänge folgen müssen. Um Fehlinterpretationen vorzubeugen, sollten die quantitativen Untersuchungen durch die Kenntnis der Reliefgenese, die sich aus der Analyse der Böden und des quartären Deckschichtenaufbaus ableiten läßt, ergänzt und abgesichert werden. Die Möglichkeit dabei zu allgemeingültigen Aussagen zu gelangen erfordert eine möglichst große Anzahl von Untersuchungsobjekten.

Da die quantitative Prozessforschung sehr arbeits- und kostenintensiv ist, muß die Zahl der Fallstudien notwendigerweise beschränkt bleiben. Dieses Manko kann aber teilweise dadurch ausgeglichen werden, daß zumindest die Zahl der Untersuchungsgebiete, die mittels der geomorphologisch-bodenkundlichen Kartierung erfaßt werden, entsprechend groß ist.

Eine zusätzliche weiträumige Kartierung, neben der detaillierten quantitativen Untersuchung der beiden Arbeitsgebiete, ist aufgrund des hohen zeitlichen Aufwandes von einer Arbeitsgruppe nicht zu leisten. Die Arbeitsgruppe A. BAUER & A. SEMMEL, Universität Frankfurt, führt im Rahmen dieses Schwerpunktprogrammes entsprechende geomorphologische Untersuchungen im Taunus durch.

Ziel dabei ist, die „Ursachen und Auswirkungen holozäner Bodenabspülung und die Entwicklung von Runsen unter Wald" durch großflächige Kartierung typischer Areale zu erfassen. Daher wurde in Absprache mit der Arbeitsgruppe A. BAUER & A. SEMMEL die Meßstation für die quantitative Prozessforschung in einem Runsensystem im Taunus, in einem der Kartiergebiete dieser Arbeitsgruppe eingerichtet.

Durch Koordination der Untersuchungen und Austausch der Ergebnisse können die aktuellen Formungstendenzen besser in die Gesamtentwicklung der Runsensysteme eingeordnet und bewertet werden.

2. Das Meßprogramm

Der weitaus größte Teil der Datenaufzeichnung erfolgt an Meßstellen, die am Talausgang der Runsen errichtet wurden. Jede dieser Anlagen besteht im wesentlichen aus einem Abflußmeßkanal, an den ein Pegelschreiber zur Wasserstandsregistrierung angeschlossen ist, und einer vorgeschalteten Sedimentfalle, welche die Geschiebefracht des Kerbengerinnes aufnimmt (Abb. 1).

Der Einbau der Anlagen erfolgte so, daß der Einlauf in die Sedimentfallen am Wechselpunkt zwischen der Erosions- und der Akkumulationsstrecke des Kerbengerinnes liegt, wobei die Geschiebefangkästen so dimensioniert sind, daß sie die gesamte Bettbreite umfassen. Diese Anordnung soll einen ungehinderten Abfluß ermöglichen und die natürlichen Transportvorgänge im Gerinne nicht beeinträchtigen. An den Meßkanal ist bei zwei Meßstellen eine Abfüllanlage zur Gewinnung von Wasserproben angeschlossen, aus denen der Schweb- und Lösungsanteil im Abfluß ermittelt wird.

Das Befüllen der Probenflaschen erfolgt im Odenwald in Abhängigkeit vom jeweiligen Wasserstand.

An einer der Meßstellen im Taunus übernimmt eine automatische Abfüllanlage diese Aufgabe. Bei dieser Anlage handelt es sich um eine Eigenkonstruktion, die den Standart handelsüblicher Ausrüstungen bei weitem übertrifft und wesentlich kostengünstiger als diese ist. Die automatische Datenregistrierung wird durch wöchentliche Kontrollen und ereignisorientierte Beprobungen unterstützt.

In unmittelbarer Nähe der Meßstellen wird der Bestandsniederschlag mittels großflächiger Sammelrinnen erfaßt. Anfertigung und Aufbau der Anlage im Taunus erfolgten dabei in enger Anlehnung an die DVWK-Empfehlungen (1986), so daß über einen Bandschreiber eine zeitliche Auflösung der Niederschläge gewährleistet ist.

Zusätzlich wird der Freilandniederschlag in der Nachbarschaft der Einzugsgebiete über Niederschlagsschreiber aufgezeichnet. In Ergänzung zur Niederschlagsmessung wird die Entwicklung der winterlichen Schneedecke in regelmäßigen Abständen beobachtet und aufgenommen.

Um zu weitreichenderen Aussagen über das Abtragsgeschehen in den Einzugsgebieten zu gelangen, sind Kenntnisse über die den Erosionsprozeß beeinflussenden Faktoren nötig. Daher werden außer den für den Sedimentaustrag wesentlichen Eckdaten auch noch diejenigen Prozesse untersucht, die dem Gerinne Material zuführen.

So wird an verschiedenen Stellen im Einzugsgebiet eventuell auftretender Oberflächenabfluß mittels Sammelrinnen aufgefangen und die enthaltenen Feststoff- und Lösungsanteile bestimmt. Begleitend dazu werden Veränderungen des Bodenfeuchtehaushaltes laufend über Tensiometermessungen erfaßt.

Dies umfangreiche Meßprogramm und seine Anwendung auf Einzugsgebiete mit verschiedenen hydrologischen Konditionen soll dem Forschungsvorhaben eine möglichst breite Basis verleihen und zu einem besseren Verständnis der komplexen Vorgänge beim Abtragsgeschehen führen.

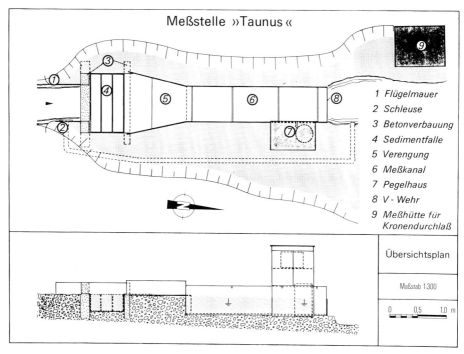

Abb. 1
Aufbau der Meßstellen Taunus A und B
Gauging stations Taunus A and B

Damit schließlich eine Zuordnung der gewonnenen aktuellen Daten zur zeitlichen Entwicklung der Runsen möglich wird, werden die geo- und pedologischen Gegebenheiten in beiden Gebieten aufgenommen und durch die Auswertung von historischen Quellen abgesichert.

3. Die Arbeitsgebiete

Die Meßstelle im Odenwald liegt in etwa 280 m Höhe westlich der Gemeinde Ernsthofen im oberen Tal der Modau (TK 25, Bl. 6218 Neunkirchen, R: 3480420 / H: 5515030). Das Untersuchungsgebiet im Taunus umfaßt ein Runsensystem nördlich des Taunushauptkamms in ca. 350 m ü.NN. Als Vorfluter wirkt der Silberbach, der das Gebiet zwischen den Ortschaften Schloßborn und Ruppertshain in westlicher Richtung entwässert (TK 25, Bl. 5816 Königstein, R: 3456880 / H: 5560900).

Bei den untersuchten Hohlformen handelt es sich um Runsen mit perennierendem Abfluß, die als Leitbahnen fluvialer Prozessdynamik das Kleinrelief der Mittelgebirgsregion in auffälliger Weise prägen. Diese steilwandigen, häufig über 5 m in die Hangflächen eingeschnittenen Gerinnekerben sind im allgemeinen mit wenig eingetieften und nur episodisch durchflossenen Runsen vergesellschaftet, die spitzwinklig in sie einmünden. Die Tiefenlinien dieser Seitenrunsen sind, offenbar wegen des Fehlens eines ganzjährigen Abflusses, nur schwach auf die Gerinnebetten der Hauptrunsen eingestellt.

Die Anlage der Kerbtal-Runsensysteme erfolgte sowohl im Odenwald als auch im Taunus in mächtigen lößlehmhaltigen Solifluktionsschuttdecken. Die permanente Tiefenerosion der nur rund 250–300 m langen Quellgerinne hat dabei stellenweise die anstehenden Gesteine an der Basis der quartären Deckschichten freigelegt. Im Kristallinen Odenwald sind dies Granodiorite und zugehörige Ganggesteine, während im Taunus das Anstehende durch Tonschiefer und Quarzite der unterdevonischen Hermeskeilschichten gebildet wird.

Charakteristisch für das Einzugsgebiet im Taunus ist die lückenlose Verbreitung und konstante Mächtigkeit des Deckschutts (i.S.v. SEMMEL 1968) (hier 30–50 cm), was auf geringe flächenhafte Erosionsprozesse schließen läßt. Weite Verbreitung besitzen hier Pseudogleye und Pseudogley-Parabraunerden.

Im Arbeitsgebiet Odenwald stellen sich die Verhältnisse komplizierter dar. Reste einer erodierten und kolluvial überdeckten Parabraunerde, welche vom Kerbtälchen zerschnitten wird, legen die Vermutung nahe, daß das Gebiet durch eine spätmittelalterliche oder frühneuzeitliche ackerbauliche Nutzung starker Bodenerosion unterworfen war. Allem Anschein nach entstand das heutige Kerbtälchen in Folge dieses massiven Eingriffs in den Landschaftshaushalt (vgl. RICHTER & SPERLING 1967).

Beide Arbeitsgebiete weisen einen forstwirtschaftlich genutzten Waldbestand aus Buchen und Fichten unterschiedlicher Altersklassen auf. Die langjährigen Mittel der Niederschlagssummen betragen in beiden Gebieten knapp 800 mm/a.

Drei Typen von hydrologischen Einzugsgebieten werden untersucht. Im Odenwald und Taunus je ein Gebiet mit perennierendem Abfluß und flächendeckender Bewaldung, bei vergleichbarer Einzugsgebietsgröße von 7,6 ha (Odenwald) und 8,8 ha (Taunus „A"). Ergänzend dazu wurden im Taunus ein Einzugsgebiet mit anthropogener Beeinflussung der Abflußverhältnisse durch Einleitung von Wegentwässerungsgräben (Taunus „B", 14 ha) und ein Einzugsgebiet mit nur episodischer linienhafter Entwässerung (Taunus „C", 0,8 ha) in das Meßprogramm aufgenommen (vgl. Abb. 2).

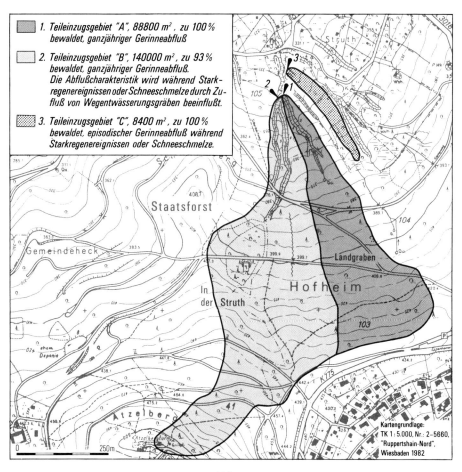

Abb. 2
Das Arbeitsgebiet Taunus
Catchment area Taunus

Die Auswertung dieser so zusätzlich gewonnenen Daten soll zu einer erweiterten Kenntnis bezüglich der Genese von Runsen unter Wald und ihrer zukünftigen Entwicklung unter forstwirtschaftlichem Einfluß führen. Denn hier ist ein direkter Vergleich der Abtragsleistung bei gleicher geo- und pedologischer Ausstattung aber unter verschiedenen hydrologischen und hydrodynamischen Verhältnissen möglich.

4. Erste Untersuchungsergebnisse

Die Inputgröße für die Abfluß- und Abtragsdynamik stellt in den bewaldeten Einzugsgebieten der Bestandsniederschlag dar.

Trotz des Filters, den das Kronendach bildet, bleiben Form und Struktur des Freilandniederschlags auf besonders erosive Abflußereignisse bestimmend. Dabei ist eine schnelle Transformation des Niederschlagsinputs in konzentrierte Spitzenabflüsse verbunden mit einer kurzfristig starken Erosionsleistung des Gerinnes typisch für die Untersuchungsgebiete. Ein Großteil der jährlichen Sedimentfracht wird so durch wenige aber intensive Niederschlags-Abflußereignisse verursacht.

Im Taunus wurden bspw. während eines einzigen Starkregens am 04.12.88 allein 27 % der jährlichen Geschiebemenge durch den Vorfluter aus Einzugsgebiet „A" ausgetragen. Der Durchgang der Abflußspitze und der damit verbundene Sedimenttransport kann dabei in weniger als 60 Min. erfolgen, wie das Beispiel aus dem Odenwald zeigt (Abb. 3 und 4). Derartige Spitzenabflüsse treten bevorzugt infolge von Starkregenereignissen, ergiebigen Dauerregen und ruckartigen Schneedeckenablationen auf.

Für die überaus rasche Abflußkonzentration kommen nach den bisherigen Beobachtungen und Meßdaten mehrere Faktoren in Frage. Neben der geringen Größe der Einzugsgebiete spielt sicherlich die morphologische Situation eine wesentliche Rolle. Die starke Reliefierung, mit Hangneigungen von über 30° an den Runsenflanken, begünstigt das Auftreten von Oberflächenabflüssen (A_o) an den Hängen. Größere A_o-Mengen lassen sich regelmäßig in Verbindung mit den vorgenannten Niederschlagsereignissen nachweisen.

Dabei scheint der Durchfeuchtungsgrad des Bodens eher von untergeordneter Bedeutung zu sein. Vor sommerlichen Gewitterniederschlägen ist der Boden häufig stark ausgetrocknet, während bei zyklonalen Wetterlagen und Schneeschmelzen durchweg hohe Bodenfeuchtewerte gemessen werden. Der bei Niederschlägen wirksame Oberflächenspeicher besitzt offensichtlich nur eine geringe Kapazität. Außer dem Kluftwasserspeicher des anstehenden Festgesteins, der die Quellen ganzjährig mit Grundwasser versorgt, ist unter bestimmten Witterungsbedingungen ein mittelfristiger Speicher, den offenbar die Schuttdecken bilden, nachweisbar.

Sowohl im Odenwald als auch im Taunus können nach ergiebigen Freilandniederschlägen von mindestens 40 mm Höhe in den sonst trockenen Seitenrunsen Quellaustritte beobachtet werden, die hier zu einem zeitlich begrenzten, konzentrierten Abfluß mit Materialverlagerung führen.

Im Einzugsgebiet Taunus „C" konnte dabei eine maximale Schüttung von ca. 1 l/s gemessen werden. Bei niederschlagsarmem Vorwetter versiegen diese Quellen nach wenigen Stunden bis Tagen, so daß hier von einem Interflow-Speicher gesprochen werden kann. Infolge derartiger Niederschlagsereignisse wurden auch die bisher größten Abflußmengen an den Meßstellen aufgezeichnet.

Die beiden etwa gleich großen Einzugsgebiete Odenwald und Taunus „A" erbrachten HHQ's von 12 und 17 l/s. Im etwa doppelt so großen Gebiet von Taunus „B" wurden bisher 30 l/s erreicht. Wegen der relativen Seltenheit solcher Ereingisse muß davon ausgegangen werden, daß es sich hier mit Sicherheit nicht um die maximal möglichen Spitzenwerte handelt.

Der mittlere Abfluß ist mit 1–2 l/s in allen drei Gebieten etwa gleich hoch. Ebenso der Niedrigwasserabfluß, der selbst in ausgesprochen trockenen Monaten kaum unter 0,2 l/s sinkt. Bei solch geringen Abflußhöhen fällt der Geschiebetransport im Odenwald, wie auch im Taunus, auf Konzentrationswerte unter 0,001 g/l. Das dabei sedimentierte Material würde bei höheren Wasserständen allerdings in Suspension transportiert.

Die durchschnittliche Feststoffkonzentration errechnet sich aus Suspensions- und Geschiebefracht. Für den Odenwald und die Meßstelle Taunus „A" ergeben sich etwa Werte von 0,003 g/l. Die größeren Abflußspitzen bei Taunus „B" bedingen den höheren Durchschnittswert von 0,007 g/l. Bei Einzelereignissen beträgt die Geschiebemenge das Fünffache dessen,

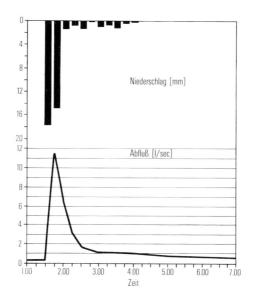

Abb. 3
Niederschlag und Abfluß der Meßstelle Odenwald am 18.07.1986
Precipitation and discharge in Odenwald at 18.07.1986

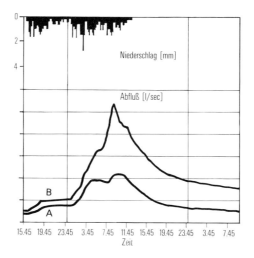

Abb. 4
Niederschlag und Abfluß der Meßstellen Taunus A und B am 21/22.04.1989
Precipitation and discharge at gauging stations Taunus A and B at 21/22.04.1989

was in Einzugsgebiet „A" erreicht wird. Die durchschnittliche Lösungskonzentration ist im Odenwald mit 0,25 g/l gegenüber 0,08 g/l etwa drei mal so groß wie in den Einzugsgebieten im Taunus. So liegt auch die elektrische Leitfähigkeit im Abfluß der Taunusgerinne mit 100 µS/cm deutlich unter der des Arbeitsgebiets im Kristallinen Odenwald. Die hier gemessenen Werte von 350—400 µS/cm gehören schon in Einzugsgebiete mit karbonatischen Untergrundgesteinen (vgl. OTTO & BRAUKMANN 1983).

Die starke Dominanz von Ca^{2+}-Ionen im Gerinneabfluß legt die Vermutung nahe, daß der Gewässerchemismus durch einige nachgewiesene kalkhaltige Lößvorkommen im Einzugsgebiet mitgeprägt wird.

In welchem Maße sich die unterschiedliche Größe der Einzugsgebiete auf den jährlichen Gesamtaustrag auswirkt, läßt sich aufgrund der kurzen Beobachtungszeit noch nicht umfassend abschätzen. Betrachtet man aber die Jahresbilanz des Geschiebeaustrages für das Jahr 1988, so ergeben sich für die etwa gleich großen Gebiete Odenwald und Taunus „A" mit 94,8 und 93,7 kg verblüffend ähnliche Geschiebemengen bei vergleichbaren Jahressummen des Niederschlags.

Im Vergleich zum Einzugsgebiet Taunus „A" zeigt der Geschiebetransport im Odenwald einen ausgeglicheneren Verlauf (Abb. 5). Nach vorläufigen Kalkulationen beläuft sich die jährliche Gesamtfracht (Feststoff- und Lösungsfracht) für das Arbeitsgebiet Odenwald in den hydrologischen Jahren 1985/86 auf 4,9 t und 1986/87 auf 9,5 t. Die Unterschiede zwischen den beiden Jahren werden vor allem durch den Lösungsanteil verursacht, der ca. 90 % an der Gesamtfracht ausmacht und bei höheren Jahresabflüssen rasch anwächst. Die Beträge für die Feststofffracht sind hingegen in beiden Jahren recht konstant.

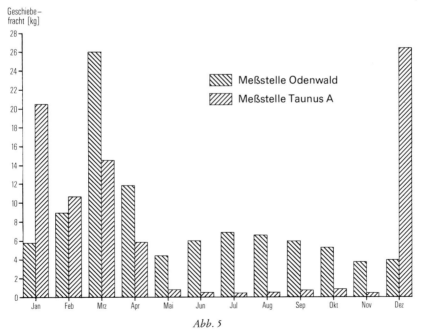

Abb. 5
Monatliche Geschiebefracht der Meßstellen Taunus A und Odenwald 1988
Monthly bed-load discharge of catchment Taunus A and Odenwald 1988

Der gesamte Stoffaustrag errechnet sich im zweijährigen Durchschnitt zu 7,2 t/a. Selbst wenn man davon ausgeht, daß die Lösungsfracht von 6,5 t/a im Gerinneabfluß weitgehend geogenen Ursprungs ist und damit nicht unmittelbaren Anteil an der oberflächlichen Abtragsleistung hat, verbleibt noch knapp 1 t Feststofffracht pro Jahr. Diese Menge ist noch immer ein deutlicher Beleg für den Ablauf aktueller morphodynamischer Prozesse in bewaldeten Einzugsgebieten.

Wie sich diese Ergebnisse in Verbindung mit der historischen Entwicklung der offenbar recht jungen Hohlformen darstellen, läßt sich erst mit Sicherheit klären, wenn die statistische Absicherung der Daten durch einen längeren Beobachtungszeitraum verbessert wird.

Literatur

BORK, H.-R.(1983): Die holozäne Relief- und Bodenentwicklung in Lößgebieten. − Catena, Suppl.Bd.3: 1−93.

DEUTSCHER VERBAND FÜR WASSERWIRTSCHAFT UND KULTURBAU e.V. (Hrsg.) (1986): Ermittlung des Interzeptionsverlusts in Waldbeständen bei Regen. − DVWK Merkblätter z. Wasserwirtschaft.

LINKE, M.(1963): Ein Beitrag zur Erklärung des Kleinreliefs unserer Kulturlandschaft. − In: RICHTER, G.(Hrsg.)(1976): Bodenerosion in Mitteleuropa. − Wege d. Forsch. 430: 278−330.

OTTO, A. & V. BRAUKMANN (1983): Gewässertypologie im ländlichen Raum. − Schriftenrh. d. Bundesmin. f. Landwirtschaft u. Forsten A 288.

RICHTER, G.(1965): Bodenerosion. Schäden und gefährdete Gebiete in der Bundesrepublik Deutschland. − Forsch. dt. Landeskunde 52.

−,− & W. SPERLING (1967): Anthropogen bedingte Dellen und Schluchten in der Lößlandschaft. Untersuchungen im nördlichen Odenwald. − Mainzer Naturwiss. Archiv 5/6: 136−176.

SEMMEL, A.(1968): Studien über den Verlauf jungpleistozäner Formung in Hessen. − Frankfurter Geogr. Hefte 45.

Anschrift der Autoren

Prof. Dr. Günter NAGEL, Dipl. Geogr. Klaus-Martin MOLDENHAUER, Institut für Physische Geographie der Universität Frankfurt, Senckenberganlage 36, D-6000 Frankfurt/Main.

Göttinger Geographische Abhandlungen, Heft 86: 115–121; Göttingen 1989

FESTSTOFF- UND LÖSUNGSABTRAG IM EINZUGSGEBIET DES WENDEBACHES

Ein Vergleich

Von KARL-HEINZ PÖRTGE & PETER MOLDE, Göttingen

Mit 4 Abbildungen und 1 Tabelle

Zusammenfassung: In dem Buntsandsteineinzugsgebiet des Wendebaches werden seit mehreren Jahren Untersuchungen zum Feststoff- und Lösungsabtrag durchgeführt, sowie Abtragsbilanzen erstellt. Dabei zeigte sich, daß der Lösungsabtrag geringen Schwankungen unterliegt und von der Abflußmenge abhängig ist. Die ermittelten Lösungsabträge liegen zwischen 30 und 80 t/km²/a. Der Feststoffabtrag verzeichnet hingegen erheblich höhere Schwankungen (1,7–62,5 t/km²/a), die weniger auf die Jahresabflußmengen als auf einzelne Hochwasserereignisse zurückzuführen sind. Beide Abtragungsvorgänge treten durch typische Formen geomorphologisch in Erscheinung.

[Solid and dissolved matter erosion on the Wendebach catchment]

A comparison

Summary: For several years ther have been research about erosion of solid and dissolved matters and their balances in the sandstone catchment of the Wendebach. It turns out that the erosion of dissolved matters is relatively constant and depends on the amount of runoff. The resulting values fluctuable between 30 and 80 t/km²/a. The erosion of solid matter is much more variable (1.7–62.5 t/km²/a) which is caused by single floods rather by the annual runoff. Both processes of erosion can be detected geomorphologically by their typical design.

1. Einleitung und Problemstellung

Der Gesamtstoffabtrag eines Einzugsgebietes setzt sich aus Feststoff- und Lösungsabtrag zusammen. Beide haben ihre Bedeutung hinsichtlich morphologischer Veränderungen, die sich zum einen besonders in Kerben bzw. Runsen zum anderen in Lösungshohlformen z.B. Dolinen wiederspiegeln. Starke Einschneidungen werden dort beobachtet, wo durch anthropogene Aktivitäten Formungsprozesse ausgelöst werden. Es handelt sich dabei also um den Vorgang der „quasinatürlichen" Formung im Sinne von MORTENSEN (1954/55). Auf die geomorphologische Relevanz des Lösungsaustrags oder auch „inneren Abtrags" ist verschiedentlich hingewiesen worden (vgl. ROHDENBURG & MEYER 1963, DOUGLAS 1973,

PRIESNITZ.1974, AURADA 1982). Während der Lösungsabtrag in Abhängigkeit von der Höhe des Gesamtabflusses ständig erfolgt und dabei nur geringen Schwankungen unterliegt, sind die Schwankungen bei dem Feststoffabtrag erheblich. In zahlreichen Veröffentlichungen wird das Überwiegen des Lösungsabtrages gegenüber dem Feststoffabtrag hervorgehoben (z.B. CORBEL 1959, GREGORY & WALLING 1973, HOHBERGER & EINSELE 1979, TIKKANEN et al. 1985, SLAYMAKER 1987). Andere Autoren verweisen auf die räumliche Variation im Verhältnis zwischen Lösungs- und Feststoffabtrag (z.B. SCHULTZE 1951/52, SCHMIDT 1985). Die zeitliche Variation des Feststoffaustrags im Vergleich zum Lösungsaustrag besonders im Zusammenhang mit herausragenden Niederschlags-/Abflußereignissen hat bislang eher wenig Beachtung gefunden. Dabei ist die morphologische Bedeutung von extremen Einzelereignissen langfristig von viel größerer Bedeutung als es Normalprozesse sein können (vgl. DOUGLAS 1980, PÖRTGE 1986, MOLDE & PÖRTGE 1989). Anhand der bislang vorliegenden Jahresbilanzen von Feststoff- und Lösungsabtrag soll deren Ausmaß für den Bereich des Einzugsgebietes Wendebach dargestellt werden.

2. Das Untersuchungsgebiet

Das Einzugsgebiet des Wendebaches (vgl. Abb. 1) umfaßt bis zum Wendebachstausee eine Fläche von 37 km². Es wird zum überwiegenden Teil von der Buntsandstein-Hochfläche (Oberer und Mittlerer Buntsandstein) des Reinhäuser Waldes eingenommen, die ein mittleres Niveau von 300 m ü. NN aufweist. Einige Muschelkalkzeugenberge überragen diese

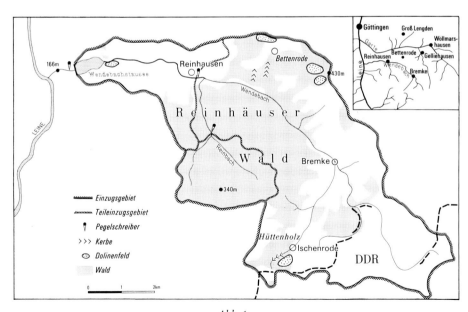

Abb. 1:
Das Einzugsgebiet des Wendebaches mit Teileinzugsgebieten
Catchment and sub-catchments of the Wendebach

Hochfläche, in die Kastentäler mehrere Dekameter eingetieft sind. Im Gebiet westlich von Reinhausen bilden Oberer Muschelkalk sowie Unterer und Mittlerer Keuper die Oberfläche. In diesem Gebiet tritt eine großflächige Lößauflage von 1 bis max. 5,5 m Mächtigkeit auf, während im übrigen Gebiet Löß nur sehr lückenhaft und dünn verbreitet ist. Das Gebiet ist zu 50 % mit Wald bestanden, wobei überwiegend Buche und Fichte vertreten sind. Das langjährige Mittel des Jahresniederschlages liegt bei etwa 620 mm. Im Zeitraum von 1976 bis 1988 schwankte der Niederschlag zwischen Werten von 442 mm (1976) und 974 mm (1981), der Abfluß unterlag erheblich größeren Schwankungen (1977: 34 mm, 1987: 236 mm) (vgl. Abb. 2).

3. Methodik

Die Erfassung der Lösungs- und Schwebstofffracht erfolgt über kontinuierliche zeitproportionale Probenahme und nachfolgende Analyse im Labor sowie den mittleren Abflußwert des zugehörigen Zeitraumes. Dabei wird der Abflußzeitraum zwischen den Probenahmen halbiert, der Mittelwert berechnet und dem jeweiligen Lösungs- und Schwebstoffwert zugeordnet. Die Addition der so gewonnenen Werte ergibt die Gesamtfrachten. Neben der kontinuierlichen Probenahme erfolgte bei einzelnen Abflußereignissen auch noch eine ereignisorientierte Beprobung bei der ein automatischer Probenehmer eingesetzt wurde. Die bei Stoffbilanzen auftretenden Ungenauigkeiten sind bei der Berechnung der Feststofffracht größer als bei der Lösungsfracht (vgl. TIKKANEN et al. 1985, S. 279, WALLING 1978). Für den Wendebach mit seiner seltenen Hochwasserführung ist bei den berechneten Frachten mit nur geringen Abweichungen zu rechnen. Treten jedoch stärkere Hochwässer auf, erweist sich die angewandte Methode für den Feststoffabtrag als ungenau. Dies zeigt sich am Beispiel des hydrologischen Jahres 1987, für das sich ein errechneter Jahresabtrag von 62,5 t/km^2 ergab, während allein für das Schneeschmelzereignis Dezember 1986/Januar 1987 ein Austragswert von 74 t/km^2 über ereignisorientierte Beprobung ermittelt wurde (vgl. MOLDE & PÖRTGE 1989).

4. Ergebnisse

Den Untersuchungen zum Lösungs- und Feststoffabtrag im Einzugsgebiet des Wendebaches, die im Rahmen des DFG-Schwerpunktprogrammes „Fluviale Geomorphodynamik im jüngeren Quartär" im Jahr 1985 begonnen wurden, sind Arbeiten von AHRENSHOP (1978) für den Bereich des Wendebaches bis zum Wendebach-Stausee und RIENÄCKER (1985) für das Teileinzugsgebiet Reinbach (s. Abb. 1) vorangegangen, die Ergebnisse sollen hier vergleichend berücksichtigt werden.

Hierbei zeigt sich, daß im Einzugsgebiet Wendebach nomalerweise der Lösungsabtrag den Feststoffabtrag übersteigt. Die Austragsleistungen für beide Stoffgruppen sind abhängig vom Niederschlags-/Abflußgeschehen. Dies trifft sowohl auf die Jahressummen als auch auf den Jahresgang zu (vgl. Abb. 2 und 3), wobei der Feststoffabtrag überwiegend ereignisabhängig erfolgt. Das Teileinzugsgebiet Reinbach zeichnet sich aufgrund des Retentionsvermögens des Waldes durch einen insgesamt geringeren Stoffabtrag aus.

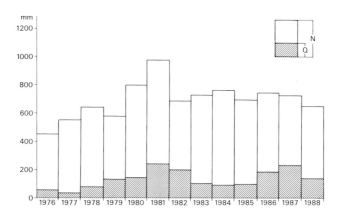

Abb. 2:
Niederschlag und Abfluß im Einzugsgebiet des Wendebachs für die hydrologischen Jahre 1976–1988
Precipitation and runoff of the Wendebach catchment during the hydrological years 1976–1988

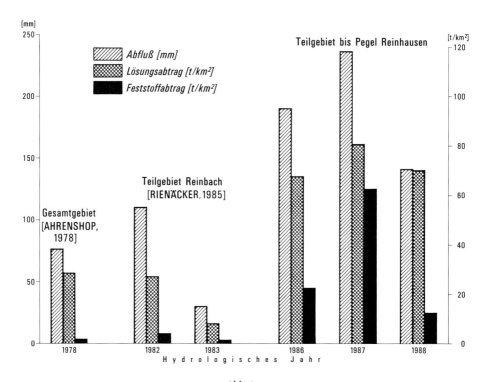

Abb. 3:
Feststoff- und Lösungsabtrag im Einzugsgebiet des Wendebaches.
Gegenüberstellung der Ergebnisse verschiedener Untersuchungen
Solid and dissolved load erosion on the Wendebach catchment.
Opposition of the findings of different investigations

4.1 Lösungabtrag

Der Lösungsgehalt des Wendebaches unterliegt nur geringen Schwankungen. Er weist einen Mittelwert von etwa 400 mg/l auf. Bei Zunahme des Abflusses treten nur geringe Verdünnungseffekte auf (vgl. PÖRTGE & RIENÄCKER 1989). Somit besteht bei den Jahresbilanzen eine annäherend lineare Beziehung zwischen der Abflußmenge und dem Lösungsabtrag. Für das Teileinzugsgebiet des Reinbaches liegen die Lösungsgehalte mit etwa 250 mg/l deutlich niedriger (vgl. RIENÄCKER 1985).

Dies ist begründet in der geologischen Sitiuation. Während im Teileinzugsgebiet Reinbach lösungsresistente Folgen des Mittleren Buntsandstein vorherrschen, sind im Gesamteinzugsgebiet darüberhinaus auch weniger lösungsresistente Gesteine, besonders die Gipslagen des Oberen Buntsandstein (Röt) sowie die Kalkgesteine des Unteren und Oberen Muschelkalks, anzutreffen (vgl. NAGEL & WUNDERLICH 1976).

Die ermittelten Jahresabträge von etwa 30 t/km² (1978) bis etwa 80 t/km² (1987) liegen in der gleichen Größenordnung wie die von AURADA (1982) für den Rhein mit 66,5 t/km²/a und die Weser mit 83,3 t/km²/a angegebenen Werte. Geomorphologisch tritt der Lösungsabtrag in Form von mehreren Dolinenfeldern in Erscheinung (vgl. Abb. 1).

4.2 Feststoffabtrag

Im Vergleich zum Lösungsgehalt weist der Schwebstoffgehalt deutlich höhere Schwankungen auf. Bei Niedrigwasserabfluß betragen die Schwebstoffwerte nur wenige mg/l, bei Hochwasserabfluß wurde dagegen bereits ein Wert von über 38.000 mg/l ermittelt. Es zeigt sich hieran die besondere Bedeutung der Spitzenabflüsse auf die Schwebstofführung (vgl. Abb. 4). Die errechneten Jahresfrachten liegen zwischen 1,7 t/km² (1978) und 62,5 t/km² (1987).

Tab. 1:
Wendebach (Pegel Reinhausen) – Werte hydrologischer Halbjahre von Gebietsniederschlägen (N), Abfluß (Q), Feststoffabtrag (mFa) und Lösungsabtrag (mLa)
Wendebach (Reinhausen gauge) – rates of hydrological halfyears of area precipitation (N), runoff (Q), solid matter erosion (mFa) and soluble matter erosion (mLa)

	1986-WH	1986-SH	1987-WH	1987-SH	1988-WH	1988-SH
N-Sum (mm)	320,1	429,7	293,3	442,7	287,5	360,3
N-Max (mm/d)	20,9	35,3	30,6	34,4	11,3	28,8
Q-Sum (Mio. m³)	2,65	3,10	4,15	2,97	4,10	1,60
Q-Mit (m³/s)	0,17	0,20	0,27	0,19	0,26	0,10
Q-Max (m³/s)	1,56	3,67	7,34	1,64	1,56	0,77
mFa (t/km)	9,8	12,5	55,0	7,5	11,1	1,2
mLa (t/km)	32,3	35,0	46,0	34,1	51,0	19,0

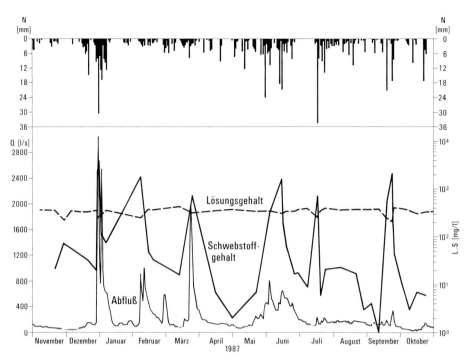

Abb. 4:
Jahresgang von Niederschlag, Abfluß, Schwebstoff- und Lösungsgehalt für das hydrologische Jahr 1987
(Pegel Reinhausen)
Annual variation of precipitation, runoff and amount of suspended and dissolved load
during the hydrological year 1987 (Reinhausen gauge)

Durch Extremereignisse kann der Jahresabtrag aber noch erheblich höhere Werte annehmen. So wurde allein bei dem Hochwasserereignis vom Juni 1981 ein Austrag von mehr als 600 t/km² ermittelt (vgl. PÖRTGE 1986). Während der Lösungsabtrag direkt von der Gesamtsumme des abgeflossenen Wassers abhängig ist, erfolgt der Feststoffabtrag vorwiegend durch hohe Spitzenabflüsse. Als Beispiel dafür seien das Sommerhalbjahr 1986 und das Winterhalbjahr 1987 genannt (vgl. Tab 1).

Die Abtragungsvorgänge, die zur Einbringung des Feststoffes in den Vorfluter beitragen, lassen in den oberen Bereichen des Einzugsgebietes Erosionsformen entstehen. Dazu zählen nicht nur markante Runsensysteme sondern auch Kolke und Kleinformen der Linearerosion.

Danksagung

Die Autoren danken der Deutschen Forschungsgemeinschaft für die finanzielle Förderung der Untersuchungen im Rahmen des DFG-Schwerpunktprogrammes „Fluviale Geomorphodynamik im jüngeren Quartär".

Literatur

AHRENSHOP, D. (1978): Der Einfluß des Wendebach-Stausees auf den Stoffhaushalt des Wendebaches und seine Veränderungen. – Staatsexamensarbeit im Fach Geographie, Göttingen.
AURADA, K. D. (1982): Ionenabfluß und chemische Denudation. – Petermanns Geographische Mitteilungen, 82:23–36.
CORBEL, J. (1959): Vitesse de l'erosion. – Z.f. Geomorph., Bd. 3:1–28.
DOUGLAS, I. (1973): Rates of denudation in selected small catchments in Eastern Australia and their significance for tropical geomorphology. – University Hull, occasional papersin geography, 21
–,– (1980): Climatic geomorphology, present-day processes and landform evolution, problems of interpretation. – Z.f. Geomorph., N.F., Suppl.-Bd. 36:24–47, Stuttgart.
HOHBERGER, K. & G. EINSELE (1979): Die Bedeutung des Lösungsabtrags verschiedener Gesteine für die Landschaftsentwicklung in Mitteleuropa. – Z.f. Geomorph., 23:361–382.
MOLDE, P. & K.-H. PÖRTGE (1988): Untersuchungen zur aktuellen fluvialen Geomorphodynamik im Einzugsgebiet des Wendebaches (Südniedersachsen). – Forschungsstelle Bodenerosion – Universität Trier, Heft 4:7–25.
–,– (1989): Sedimentablagerung im Rückhaltebacken des Wendebaches – dargestellt am Beispiel eines Schneeschmelzabflusses im Winter 1986/87. – Zeitschrift für Kulturtechnik und Landentwicklung, 30:27–37.
MORTENSEN, H. (1954/55): Die „quasinatürliche" Oberflächenformung als Forschungsproblem. – Wiss. Zeitschr. Universität Greifswald, Math.-Nat. Reihe 4, 6/7:625–628.
NAGEL, U & H.-G. WUNDERLICH (1976): Geologisches Blockbild der Umgebung von Göttingen. – Schr. d. Wirtschaftswiss. Ges. z. Stud. Niedersachsens, N.F. Reihe A. 1, 91.
PÖRTGE, K.-H. (1986). Der Wendebachstausee als Sedimentfalle bei dem Hochwasser im Juni 1981. – Erdkunde, 40:146–153, Bonn.
–,– & I. RIENÄCKER (1989): Beziehungen zwischen Abfluß und Ionengehalt in kleinen Einzugsgebieten des südniedersächsischen Berglandes. – Erdkunde, 43:58–68.
PRIESNITZ, K. (1974): Lösungsraten und ihre geomorphologische Relevanz. – POSER, H. (Hrsg.): Geomorphologische Prozesse und Prozeßkombinationen in der Gegenwart unter verschiedenen Klimabedingungen, Abhandlungen der Akademie der Wissenschaften in Göttingen, Math.-Physikal. Klasse, 3. Folge, 29:68–85.
RIENÄCKER, I. (1985): Wasserhaushalt und Stoffumsatz in einem bewaldeten Einzugsgebiet im Mittleren Buntsandstein südöstlich Göttingen (Reinhäuser Wald) unter besonderer Berücksichtigung aktueller Witterungsabläufe. – Math.-Nat. Diss., Göttingen.
ROHDENBURG, H. & B. MEYER (1963): Rezente Mikroformung in Kalkgebieten durch inneren Abtrag und die Rolle der periglazialen Gesteinsverwitterung. – Z.f. Geomorph., N.F. 7:120–146.
SCHMIDT, K.-H. (1985): Regional variation of mechanical and chemical denudation, Upper Colorado River Basin, U.S.A. – Earth Surface Processes and Landforms, Vol. 10:497–508.
SCHULTZE, J. H. (1951/52): Über das Verhältnis zwischen Denudation und Bodenerosion. – Die Erde, 3:220–232.
SLAYMAKER, O. (1987): Sediment and solute yields in Britisch Columbia an Yukon: Their Geomorphic significance reexamined. – GARDINER, V. (Hrsg) (1987): International Geomorphology 1986 Part I : 925–945, Manchester.
TIKKANEN, M.; SEPPÄLÄ, M. & O. HEIKKINEN (1985): Enviromental properties and material transport of two rivulets in Lammi, southern Finland. – Fennia, 163:217–282.
WALLING, D. E. (1978): Reliability considerations in the evaluation and analysis of river loads. – Z.f. Geomorph. N. F., Suppl. Bd. 29:29–42.

Anschrift der Autoren:

Dr. Karl-Heinz PÖRTGE und Dipl.-Geogr. Peter MOLDE, Geographisches Institut, Goldschmidtstraße 5, D-3400 Göttingen.

DIE VERWENDUNG VON TRÜBUNGSMESSUNG, EISENTRACERN UND RADIOGESCHIEBEN BEI DER ERFASSUNG DES FESTSTOFFTRANSPORTS IM LAINBACH, OBERBAYERN

Von KARL-HEINZ SCHMIDT, DAGMAR BLEY, RALF BUSSKAMP & DOROTHEA GINTZ, Berlin

mit 4 Abbildungen

Zusammenfasssung: Zur Erfassung der Dynamik und des Umfangs des Feststofftransports wurden im Lainbachgebiet die Trübungsmessung, mit Eisentracern markierte Geschiebe und die neu entwickelte Radiogeschiebetechnik eingesetzt. Die Trübungsmessung dient als indirekte Methode zur kontinuierlichen Aufzeichnung des Schwebstoffkonzentrationsgangs unter Verwendung von Eichkurven. Die Korrelation der Trübungswerte mit der Schwebstoffkonzentration zeigt für die Gesamtpopulation der Messungen nur ein sehr unbefriedigendes Ergebnis. Auf der Basis einzelner Ereignisse ergeben sich jedoch z.T. hoch signifikante Beziehungen. Die Trübungsmessung erwies sich auch bei den hohen Schwebgehalten im Lainbach als einsetzbar. Trübungs- und Schwebstoffgang laufen nicht synchron mit dem Abflußgang, sie unterliegen zudem starken kurzfristigen Schwankungen. Da neben der Trübung auch die Temperatur und die Leitfähigkeit kontinuierlich gemessen wurden, kann für jeden Zeitpunkt eines Hochwassers die Dichte berechnet werden.

Im Sommer 1988 wurde 128 gewogene und vermessene Geschiebe mit Eisentracern markiert und in den Lainbach eingegeben. Es wurde versucht, die Geschiebe jeweils nach Hochwasserdurchgängen mit Hilfe eines Metalldetektors wieder aufzuspüren. Bei der letzten Suchaktion im Oktober konnten nur noch 22 Exemplare auf der 1 km langen Meßstrecke wiedergefunden werden. Der Mittelwert des Gewichts der verbliebenen Geschiebe hatte sich gegenüber dem der Ausgangspopulation signifikant erhöht. Nach dem dritten Hochwasser der Meßperiode (Suchaktion 2) zeigten sich bei den 95 wieder aufgefundenen Geschieben signifikante Korrelationen zwischen Gewicht, b-Achsen-Länge und Abplattungsindex einerseits und der Transportdistanz. Es wird jedoch nur etwa ein Drittel der Varianz der Transportweiten durch diese Einflußgrößen erklärt.

Durch die Radiogeschiebetechnik mit den in einzelne Geschiebe implantierten Sendern wird es zum ersten Mal möglich, unter natürlichen Bedingungen den Erosionszeitpunkt, die Transportgeschwindigkeit, Transportschrittlängen, die Transportart und den Sedimentationszeitpunkt zu erfassen. Der Transportvorgang vollzieht sich in kurzen Transportschüben mit maximalen Geschwindigkeiten von 50 cm/s. Die Ergebnisse zeigen, daß die Geschiebebewegung wesentlich von Diskontinuitäten im Längsprofil und Querprofil beeinflußt wird. Bevorzugte Ablagerungspositionen der Radiogeschiebe, wie auch der Eisentracer, lagen in den Luv- und Leefahnen großer Blöcke, an den Flanken von Schotterbänken und in Poolbereichen. Die weiteren Untersuchungen zum Geschiebetransport werden sich deswegen auch auf den Einfluß bestimmter Lagebedingungen konzentrieren.

[The use of turbidity measurement, iron tracers and radio cobbles in the investigation of solid load transport in the Lainbach river, Bavaria]

Summary: Turbidity measurement, gravels with iron tracers and implanted transmitters were used to investigate the dynamics of solid load transport and solid load yield in the Lainbach river, Bavaria. Turbidity measurement using calibration curves serves as an indirect method for the continuous monitoring of suspended sediment concentration. In the Lainbach turbidity and sediment concentrations show only a very poor correlation when the total population of samples is considered. For individual flood events there are, however, significant correlations. The technique proved to be applicable even with the high sediment concentrations of the Lainbach. Turbidity and suspended sediment concentrations do not run synchronously with discharge variations, they are also affected by a strong short-term variability. This makes continuous monitoring indispensible when reliable suspended yield estimates are needed for individual flood events. Density can be calculated for any moment of a flood, because temperature and electrical conductivity were also measured continuously.

A population of 128 weighed and measured cobbles were marked with iron cores and placed into the river in summer 1988. The position of these tracers were determined at three different times after flood events with metal locating equipment. The recovery rate of the last tracing action in October was rather poor, only 22 cobbles were found along the 1 km experimental reach. There was a significant increase in the mean weight of the remaining stones when compared with the original population. During the second search action, 95 cobbles had been located; there were sinificant correlations of the weight, the lenght of the b-axis and the flattening index to the travel distance. In a multiple regression, however, only obout one third of the variance of the travel distance was explained by the attributes of the tracered cobbles.

The Pebble Transmitter System (PETS) consists of transmitters, which are inserted into individual pebbles, an antenna system, a receiver and a data logger. This system allows the detailed study of entrainment, transport length and velocity, types of movement and time of deposition of individual particles for the first time under natural conditions. The pebbles move in short steps, and the maximum velocity measured was 50 cm/s. The results show that the transport of the material is significantly influenced by irregularities in the long and cross profile of the river. There was no systematic relationship between the properties of the radio pebbles and travel distance. This may depend on the small size of the sample (5). Favoured sites of deposition of the radio pebbles as well as the iron tracers are pools, gravel bars upstream and downstream of large blocks, the sides of large gravel bars and the banks. Further investigations will concentrate on the influence of specific positions in the river bed on the probability of the initiation and maintenance of transport.

1. Einführung und Problemstellung

Die Erfassung der Dynamik und des Umfangs des Feststofftransports, insbesondere in Wildbachsystemen, birgt eine Fülle noch offener Fragen und ungelöster Meßprobleme, obwohl in den letzten Jahren erhebliche Fortschritte gemacht worden sind (THORNE et al. 1987, BORDAS & WALLING 1988). Forschungsbedarf besteht bei beiden Hauptkomponenten des Feststofftransports, bei der Geschiebefracht ebenso wie bei der Schwebfracht.

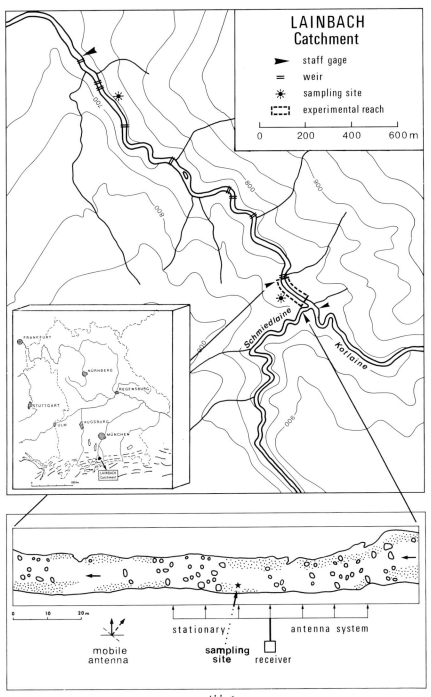

Abb. 1
Lageskizze mit Meßstrecke
Location map with experimental reach

Detaillierte Untersuchungen zur Quantifizierung des langjährigen Schwebstofftransports sind im Lainbachgebiet bereits durchgeführt worden (BECHT 1986). Die hier präsentierten Arbeiten zur Schwebstoffproblematik konzentrieren sich auf die Meßtechnik zur Bestimmung kurzfristiger Konzentrationsschwankungen (Trübungsmessung) und daraus ableitbare Aussagen zur Transportquantifizierung auf Ereignisbasis. Wichtige Informationen liefert die Kenntnis der Schwebstoffkonzentration auch im Hinblick auf Veränderungen der Dichte des Transportmediums, die einen Einflußfaktor für den Geschiebetransport darstellt.

Sowohl für den Schweb- wie für den Geschiebetransport gilt, daß eine alleinige Berücksichtigung der hydraulischen Bedingungen (Fließgeschwindigkeit, Schubspannung etc.), wie sie z.B. in den bekannten Geschiebeformeln Anwendung findet, häufig unbefriedigende Ergebnisse bei der Schätzung des Bewegungsbeginns und der Transportmenge liefert (vgl. NADEN 1988), da das Materialangebot im Flußbett und Einzugsgebiet sowie die Lagebedingungen der Geschiebe einen wesentlichen Einfluß ausüben. Unabhängig von den hydraulischen Bedingungen kann sich der Geschiebetrieb häufig in Schüben vollziehen (ERGENZINGER 1988).

Da für eine zuverlässige Vorhersage des Geschiebetransports hydromechanische und physikalisch-deterministische Ansätze sowie Modellierungen an ihre Grenzen stoßen, besteht ein dringender Bedarf an empirischen Meßgrundlagen. Darauf liegt ein Schwerpunkt dieser Abhandlung. Neben den bekannten Versuchen mit gefärbten Geschieben sind in jüngerer Zeit weitere, verfeinerte Tracermethoden eingeführt worden, so die Eisen- und Magnettracertechnik (BUNTE et al. 1987, ERGENZINGER & CUSTER 1983, HASSAN, SCHICK & LARONNE 1984). Eine innovative Methode, die Radiogeschiebetechnik, wurde am Lainbach entwickelt (ERGENZINGER, SCHMIDT & BUSSKAMP, 1989). Sie wird auch in dieser Darstellung beschrieben.

Die Untersuchungen wurden am Lainbach in Oberbayern durchgeführt. Sie konzentrieren sich auf eine Meßstrecke unterhalb des Zusammenflusses von Kot- und Schmiedlaine (Abb. 1). Wir danken den Münchener Kollegen, insbesondere Herrn Dr. Michael BECHT, für die gute Zusammenarbeit und die Überlassung von Datenmaterial.

2. Kontinuierliche Erfassung von Schwebkonzentration und Dichte

Als Teil des Feststoffaustrags und als mitbeeinflussender Faktor des Geschiebetriebs wurde am Lainbach die Suspensionskonzentration über Trübungsmessungen erfaßt. Im Verlauf von 8 Sommerhochwasserereignissen wurden Wasserstand, Trübung, Temperatur und Leitfähigkeit kontinuierlich aufgezeichnet. Zusätzlich wurden an der Meßstelle (Abb.1) zu diskreten Zeitpunkten Proben entnommen, die im Labor auf Gesamtschwebstoffkonzentration, Anteil an organischer Substanz, Lösungsrückstand und bei einigen Sammelproben auch

---

Abb. 2 (Rechts)
Der Verlauf von Wasserstand (W), Trübung (TR), Schwebkonzentration (Cs) und Dichte für das Hochwasser vom 20.8.1988. Die Ganglinie der Schwebstoffkonzentration wurde auf der Basis der diskreten Probenahme (Punkte) und mit Hilfe der Regressionsgleichung (Abb. 2a) erstellt
Stage(W), turbidity (TR), suspended sediment concentration (Cs) and density during flood event 4 (August 20, 1988). The graph of the suspended sediment concentration is based on individual samples points) and on calculations with the regression equation of turbidity vs. sediment concentration (Fig. 2a)

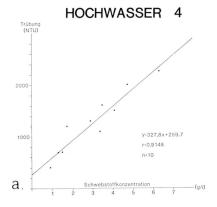
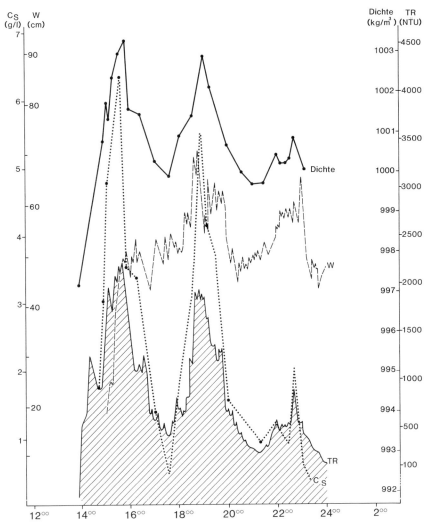

auf ihre granulometrische Zusammensetzung hin untersucht wurden. Aus den Ergebnissen konnte die Dichte über den gesamten Meßzeitraum nach der von WAGNER (1978) entwikkelten Methode berechnet werden.

Die Veränderung der Schwebstoffwerte mit z.T. sehr hohen Konzentrationen (das Maximum lag im Sommer 1988 bei 32 g/l) macht die Hauptursache der Dichteschwankungen aus. Es treten starke kurzzeitige Konzentrationsschwankungen auf (so z.B. bei Ereignis 3 (12.08.88) von 26,3 g/l auf 17,3 g/l innerhalb von 8 min). Hieraus wird ersichtlich, daß, worauf OLIVE & RIEGER (1988) hinweisen, kontinuierliche Messungen des Suspensionsgehaltes auf Ereignisbasis unerläßlich sind. Die Trübungsmessung mit dem auf der Basis von Streulicht arbeitenden Turbidimeter „HACH Surface Scatter 5" erwies sich hierfür am Lainbach als besonders geeignet. Eine in 60 cm Entfernung vom linken Ufer in 20 cm über Sohle installierte Tauchpumpe entnahm dem turbulenten Gewässer permanent Probenwasser und führte es dem mit Formazinlösung in NTU (Nephelometric Turbidity Units) geeichten Trübungsmeßgerät zu.

Für die einzelnen Hochwasserereignisse lassen sich signifikante korrelative Beziehungen zwischen Trübung und Schwebstoffkonzentration herstellen. Die Streuungen der Punkte um die Eichkurven sind gering (Abb. 2a) und die Konfidenzintervalle eng. Unterschiede in den Beziehungen für die einzelnen Hochwasser lassen sich wahrscheinlich auf verschiedenartiges Materialangebot und Herkunftsgebiet sowie auf unterschiedliche Niederschlagsintensität und -verteilung zurückführen. Es lassen sich bestimmte Typen von Hochwassern klassifizieren.

Durch unterschiedliche Materialzusammensetzung können Hystereseschleifen in der Beziehung Trübung/Schwebkonzentration im Verlauf eines Hochwassers auftreten. Bisherige Untersuchungen zur Trübungsmessung (ENGELSING 1981; REINEMANN et al. 1982; GILVEAR & PETTS 1985 u.a.) beschränkten sich meist auf Konzentrationen unter 2 g/l. Am Lainbach ließ sich feststellen, daß die Methode der Trübungsmessung zur Ermittlung von Schwebgehalten auch bei wesentlich höheren Konzentrationen anwendbar ist.

In Abbildung 2 ist das Verhalten von Wasserstand, Trübung, Schwebkonzentration und Dichte für Ereignis 4 (20.8.1988) in Reaktion auf einen langandauernden Landregen dargestellt. Die durch lineare Regression erstellte Eichgerade (Abb. 2a) zeigt eine hohe Signifikanz (99,9%). Die Varianz der Trübung wird zu 84% durch die Varianz der Schwebstoffkonzentration erklärt. Auf dieser Basis kann jedem vom Datalogger in einminütigen Intervallen aufgezeichneten NTU-Wert ein Schwebstoffkonzentrationswert zugeordnet werden. Hieraus läßt sich eine Ganglinie erstellen, die Schwebstoffmaxima und -minima erfaßt, welche bei herkömmlichen Methoden in der Regel unberücksichtigt bleiben, was zu starken Fehlern bei Frachtabschätzungen führen kann.

Die kontinuierliche Wasserstandsaufzeichnung mit einem Ultraschallecholot erlaubt die Einordnung des Schwebstofftransports in das Abflußgeschehen. Zwischen Abflußmenge und Schwebstoffkonzentration besteht im Verlauf eines Hochwassers kein unmittelbarer Zusammenhang. Trübungs- und Schwebstoffkonzentrationsgang verlaufen weder zeitlich synchron mit dem Wasserstand noch in einem konstanten Verhältnis zu ihm (Abb. 2). Beim Vergleich verschiedener Hochwasser wird die Diskrepanz noch deutlicher. So steigt die Schwebstoffkonzentration z.B. am 20.8.1988 bei einer Wasserstandserhöhung um 55 cm gegenüber Niedrigwasser nur auf 6,3 g/l, während am 9.8. der Wasserstand um nur 5 cm über Niedrigwasser stieg, jedoch eine maximale Schwebstoffkonzentration von 12 g/l erreicht wurde.

Da neben der Trübung Temperatur- und Leitfähigkeitswerte ebenfalls in einminütigen Intervallen aufgezeichnet wurden, kann für jeden Zeitpunkt eines Hochwassers die Dichte bestimmt werden, die in Schubspannungsberechnungen eingeht. Werte der dynamischen und kinematischen Viskosität können aus den vorhandenen Daten abgeleitet werden.

3. Untersuchung des Geschiebetransports mit Eisentracern

Es gibt verschiedene Methoden, den Transport von Grobgeschieben zu messen. Neben der Möglichkeit, Bodenfracht mit Geschiebefallen aufzufangen und quantitativ auszuwerten, ist es möglich, das Transportverhalten einzelner Individuen genauer zu untersuchen, indem Geschiebe als Tracer benutzt werden. Um sie als Tracer einsetzen zu können, werden sie mit Farben markiert, oder es werden Eisenstäbe, Stabmagnete (HASSAN et al. 1984) oder Radiosender (PETS)(ERGENZINGER, SCHMIDT & BUSSKAMP 1989) implantiert. Die einfachste Möglichkeit bilden mit Farben markierte Steine, die nach einem Hochwasser wieder gesucht werden, um so die Transportweiten zu bestimmen. Diese häufig angewandte Methode zeigt jedoch nur geringe Wiederfindraten, meist unter 50% (HASSAN et al. 1984). Eine entscheidend verbesserte und dennoch einfach handhabbare Methode ist, Gerölle verschiedener Größe mit Eisenstäben zu markieren und sie nach einzelnen Hochwasserereignissen mit einem Metalldetektor aufzuspüren. Die Wiederfindraten liegen deutlich höher. Das transportierte Geschiebevolumen ergibt sich aus der durchschnittlichen Transportlänge pro Zeiteinheit multipliziert mit dem Produkt der Dicke der bewegten Geschiebedecke und der mittleren Transportbreite.

Im August 1988 wurden 128 gewogene und in ihren Achsen vermessene Geschiebe mit Eisenstäben markiert und zusätzlich gelb gefärbt. Das Gewicht der Geschiebe variiert von 330 g bis 5020 g (vgl. Abb.3), wobei die meisten Steine (91) in die Klasse 500 g − 1500 g gehören, 23 Steine in die Gewichtsklasse 1500 g − 2500 g, und der Rest schwerer bzw. leichter ist. Die b-Achsenlänge der Steine liegt zwischen 5 cm und 17 cm, 93 Steine gehören in die Klasse 7 cm bis 10 cm. Der Abplattungsindex nach CALLIEUX $(A+B/(2C)*100)$ wurde als signifikannter Formindex gewählt. Es werden Werte zwischen 107 bis 380 erreicht. Die überwiegende Mehrheit liegt unter einem Wert von 200.

Im Sommer 1988 wurde versucht, diese Tracer bei drei Aktionen nach 7 Hochwasserdurchgängen wiederzufinden. Der Eingabezeitpunkt war der 2. August 1988 (A0); Aktion 1 (A1) fand am 07.8.88 (nach Hochwasser 2 vom 4.8.88) statt, Aktion 2 (A2) am 13.8.88 (nach Hochwasser 3 vom 12.8.88) und Aktion 3 (A3) am 20.10.88. (nach den Hochwassern 4 bis 8 vom 20.8., 23.8., 27.8., 2.9. und 6.9.88).

Die zugehörigen zurückgelegten Gesamtentfernungen werden mit E0, E1, E2, und E3 bezeichnet (Tab. 1).

Die Distanzen, die die Steine bei den einzelnen Hochwassern zurückgelegt haben, werden mit E1−E0, E2−E1 und E3−E2 berechnet. Die Gesamttransportweite und die Einzeldistanzen sind in Abbildung 3 für eine Auswahl von Geschieben dargestellt.

Der Zusammenhang zwischen Transportweiten und den Eigenschaften der markierten Geschiebe läßt sich am besten über das Gewicht, die b-Achse und den Abplattungsindex beschreiben (Tab.2).

Bei der ersten Distanz (E1−E0) erscheinen trotz z.T. hoher Signifikanzniveaus keine hohen Korrelationskoeffizienten. Die Steine wurden insgesamt am Anfangspunkt der Meß-

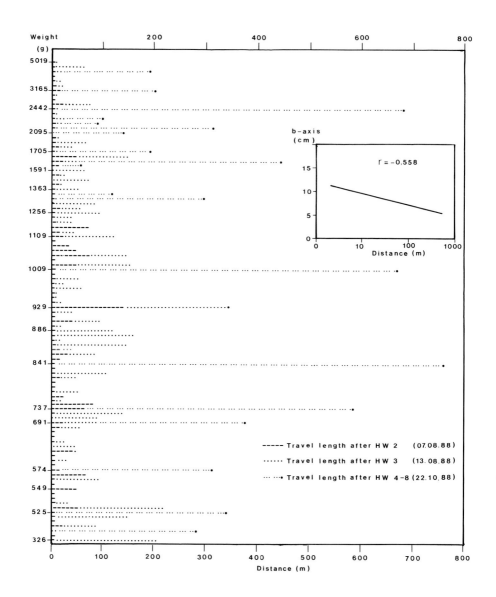

Abb. 3:
Transportdistanzen von mit Eisentracern markierten Geschieben, geordnet nach dem Gewicht. Durch verschiedene Signaturen sind die Transportdistanzen nach Hochwasser 2, Hochwasser 3 und den Hochwassern 4–8 dargestellt. Die eingefügte Abbildung zeigt die Beziehung zwischen der Transportdistanz nach Hochwasser 3 und der Länge der b-Achse mit dem zugehörigen Korrelationskoeffizienten
Travel lengths of the cobbles with iron tracers, cobbles arranged according to their weight
The travel distances after flood event 2 (HW 2), flood event 3 (HW 3) and flood events 4–8 (HW 4–8) are indicated by different signs. The insert figure shows the relation between the travel distance and the length of the b-axis of the recovered cobbles after flood event 3 with the respective correlation coefficient

Tab. 1:
Wiederfindraten und Transportweiten der markierten Geschiebe
Recovery rates and transport length of the iron tracers

Wiederfindraten	A1	A2	A3
n / %	119 / 92%	95 / 74%	22 / 17%
Gesamtentfernung min / max / x in (m)	5 / 141 / 15	5 / 345 / 47	44 / 763 / 274
Distanzen min / max / x in (m)	5 / 141 / 15	0 / 204 / 33	38 / 670 / 220

Tab. 2:
Korrelation von Gewicht und Formindizes mit der Transportdistanz
Correlation of weight, cobble size and shape with transport length

Korrelation	(E1−E0)	(E2−E1)	(E3−E2)
Gewicht	−0,258 (99,0%)	−0,536 (99,9%)	−0,235 (n.s.)
b-Achse	−0,235 (99,0%)	−0,558 (99,9%)	−0,114 (n.s.)
„Index"	−0,153 (n.s.)	−0,303 (99,0%)	−0,088 (n.s.)

strecke in den Lainbach eingegeben. Das erste Hochwasser verteilte die Steine zunächst mit wenigen Ausnahmen nur über die ersten 10 bis 20 Meter der Meßstrecke.

Bei der dritten Distanz (E3−E2) liegen keine signifikanten Korrelationen vor. Es ist anzunehmen, daß die leichteren Steine schon über die Meßstrecke hinaus transportiert wurden, und bevorzugt die schwereren Steine innerhalb der Meßstrecke (1 km) verblieben (vgl. Abb 3). Es hat eine Auslese stattgefunden, wie der t-Test des Vergleichs der Mittelwerte des Gewichts der Einzelpopulationen zeigt. Das durchschnittliche Gewicht der wiedergefundenen Steine nimmt von 1330g (E1−E0) über 1500g (E2−E1) bis auf 2040g (E3−E2) zu.

Bei der zweiten Suchaktion (bei E2−E1) liegt eine hoch signifikannte Korrelation zwischen der Entfernung einerseits und dem Gewicht, der Länge der b-Achse und dem Abplattungsindex vor. Hier ist die Erstellung einer multiplen Regression sinnvoll mit Gewicht und Abplattungsindex als unabhängigen Steuerungsfaktoren. Es ergibt sich ein multipler Korrelationskoeffizient von R = 0,578.

Bevorzugte Ablagerungspositionen der markierten Geschiebe sind ufernahe Bereiche, die Flanken von Schotterbänken sowie die Luv- und Leeseiten großer Blöcke innerhalb des Gerinnebettes. Im Längsprofil lassen sich bevorzugte Sedimentationsräume in den großen Poolbereichen erkennen. Aus der durchschnittlichen Transportdistanz im Verlauf von Hochwasser 3 (12.08.88) und der Fläche der bewegten Sohle ergibt sich eine Geschiebefracht von 53 Tonnen bei einer Transportdauer von 2 Stunden.

4. Die Entwicklung der Radiogeschiebetechnik

In den letzten Jahren ist die Notwendigkeit, neue geeignete Techniken zu entwickeln, um den Grobmaterialtransport unter natürlichen Bedingungen zu messen, immer stärker bewußt geworden (THORNE et al.1987). Nur bessere Informationen über die Steuerung der Geschiebebewegung lassen das ungelöste Problem der Quantifizierung des Feststofftranportes transparenter werden. Aus diesem Grunde wurde ein neues Meßsystem mit der Bezeichnung PETS (Pebble-Transmitter-System) entwickelt.

Dieses System ermöglicht es, den Beginn der Erosionsphase, die Transportgeschwindigkeit, Transportschrittlängen, die Transportart und die Sedimentationsphase von Geschieben bestimmter Eigenschaften in natürlichen Gerinnen zu erfassen. Kern der Anlage stellt ein im Geröll eingesetzter Sender dar (Abmessung: 50mm × 20mm × 20mm). Ein Quecksilberschalter innerhalb der Sendeeinheit veranlaßt eine Änderung der Signalfolge des Senders bei Drehung des Steines. Über ein stationäres Antennensystem werden die Informationen zur Position des Geschiebes zum Empfänger weitergeleitet, wo sie durch einen Datalogger gespeichert werden (Abb.1). Die Sendefrequenz liegt zwischen 150−151 MHz.

Eine mobile Richtantenne ermöglicht es, falls der Stein den Empfangsbereich des stationären Antennensystems verläßt, Kontakt mit dem Sender zu halten. Eine weitere Suchantenne gewährleistet bei der Bergung die rasche Ortung des markierten Steines im Sedimentkörper. Im Lainbach waren 5 mit Sendern versehene Geschiebe im Einsatz (vgl. Abb.4).

Im Zeitraum Juli−August 1988 war es möglich, das Meßsystem bei 4 Hochwässern einzusetzen. Die Analyse von Hochwasser 4 (20.8.1988) zeigt, daß die 5 Steine in der Zeit zwischen 15.20 und 15.40 Uhr in Bewegung gesetzt wurden. In diesem Zeitraum ist der Abfluß von 4,5 m^3/s auf 6,0 m^3/s gestiegen, was unter Berücksichtigung weiterer Meßgrößen einer Schubspannungszunahme von 30 N/m^2 auf etwa 70 N/m^2 entspricht (Abb.4). Die Graphik zeigt, daß der Transportvorgang selbst aus kurzzeitigen Transportschüben besteht. Transportgeschwindigkeiten von über 50 cm/s wurden beobachtet. Unterschiedliche Transportweiten der Individuen (197 m − 800 m) sowie unterschiedliche Lagetiefen im Sedimentkörper wurden nachgewiesen. Eine gewisse Regelhaftigkeit zeigt sich in der Bevorzugung bestimmter Ablagerungspositionen, nämlich hinter großen Blöcken, an den Flanken von Schotterbänken und in Pool-Lagen.

Die Ergebnisse machen deutlich, daß unter natürlichen Bedingungen große Unterschiede bezüglich der Bewegungsinitiierung, der Transportlänge und der Sedimentationszeit und -tiefe bestehen, die nicht in erster Linie von der Größe, der Form und der Dichte des Materials abhängen. Insbesondere kleinräumige morphologische Unregelmäßigkeiten im Querprofil des Gerinnes können die auftretenden Kräfte an der Bettsohle stark modifizieren und die nötige kritische Schubspannung zur Bewegungsaufnahme der Geschiebe mitbestimmen. Aber auch größere Diskontinuitäten im Gerinnelängsprofil beeinflussen den Geschiebetrieb, was die Bergung der Geschiebeexemplare 130, 190 und 230 verdeutlicht. Diese Exemplare sind in einem Pool zum Transportende gekommen. Die Abflußbedingungen um 0.30 Uhr reichten in dieser speziellen Position für einen Weitertransport nicht aus (Abb.4). Geschiebeexemplar 050 konnte auf Grund der großen Transportweite erst gegen 3.00 Uhr geortet werden.

Eine entscheidende Verbesserung der Modelle des Grobgeschiebetransportes kann nur mit Hilfe von unter Naturbedingungen erhobenen Datensätzen geschehen. Die neue Meßtechnik PETS stellt hier ein hilfreiches Instrument dar.

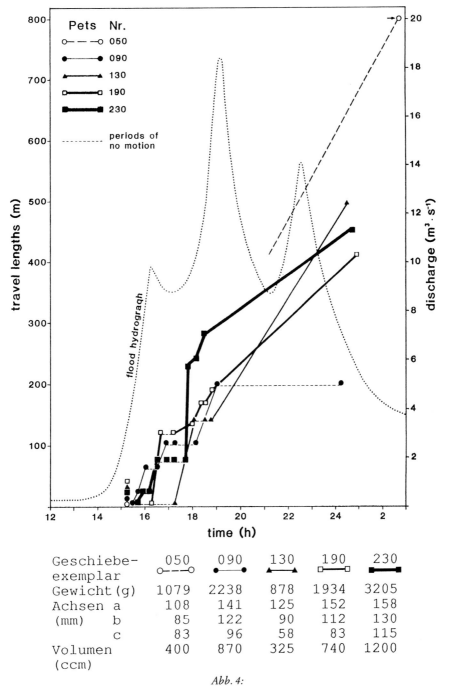

Abb. 4:
Zeitbewegungsdiagramm der mit Sendern markierten Geschiebe für das Hochwasser vom 20.8.1988 im Lainbach mit tabellarischer Auflistung der wichtigsten Geschiebeeigenschaften
Entrainment, transport and deposition of radio cobbles during the flood of August 20, 1988. The table shows the principal characteristics of the cobbles

5. Ausblick

Die Geländebefunde und Auswertungen zu den verschiedenen Teilaspekten sollen während zukünftiger Geländeeinsätze vertieft und erweitert werden. Im Rahmen der indirekten Erfassung des Schwebstofftransports durch Trübungsmessung wird gegenwärtig der Einfluß der die Trübung mitbestimmenden Faktoren, Korngrößenzusammensetzung des Schwebs und Anteil an organischer Substanz, geprüft. Diese Erfahrungen sollen im Gelände zur weiteren Verbesserung der Eichkurven Trübung/Schwebkonzentration genutzt werden und Interpretationen bei den Hystereseeffekten erleichtern. Zur Klärung des Problems der angenommenen weitgehenden Querprofilhomogenität der Schwebstoffkonzentrationsverteilung im Lainbach (vgl. BECHT 1986) werden über ein vorliegendes Meßquerprofil hinaus weitere systematische Mehrpunktkonzentrationsmessungen vorgenommen, um eine wasserstandsabhängige Relation der Schwebkonzentration am Punkt der Trübungsmessung zur durchschnittlichen Konzentration im Querprofil herzustellen.

Im Rahmen der Arbeiten zum Geschiebetransport durch Eisentracer soll eine Generation künstlich hergestellter Geschiebe mit definierten Eigenschaften eingegeben werden. Ein Schwerpunkt der Untersuchungen wird unter Mitverwendung der vorliegenden Daten auch in der Frage liegen, wie hoch die Wahrscheinlichkeit ist, daß Geschiebe von unterschiedlichen Lagepositionen (Pool, Uferrandlage, Leefahne oder Luvfahne von großen Blöcken etc.) wieder in Bewegung gesetzt werden. In Erweiterung der Eisentraceruntersuchungen werden auch die Radiogeschiebe in bestimmten Positionen im Gerinnelängs- und -querprofil ausgesetzt, um auch hier die Wahrscheinlichkeit und die Bedingungen ihrer Wiederaufnahme in das Transportgeschehen zu klären. Die physikalisch-deterministischen Modelle bedürfen einer Modifizierung und Verbesserung durch stochastische Elemente, wie es bereits durch EINSTEIN (1939) angeregt wurde. Aussagen zum Feststofftransport und zu Feststofftransportbedingungen zuverlässiger zu gestalten, ist gemeinsames Ziel unserer Untersuchungen im Lainbachgebiet.

Literatur

BECHT, M. (1986): Die Schwebstofführung der Gewässer im Lainbachtal bei Benediktbeuern/Obb. – Münchner Geogr. Abh., 2, Reihe B, München.

BORDAS, M.P. & D.E. WALLING (Hrsg.) (1988): Sediment Budgets. IAHS Publ.174, Wallingford.

BUNTE, K., CUSTER, S., ERGENZINGER, P. & R. SPIEKER (1987): Neue Entwicklungen und erste Ergebnisse zur Messung des Grobgeschiebetransportes durch die Magnettracertechnik. – DGM, 31: 60–67.

EINSTEIN, H.A. (1937): Der Geschiebetrieb als Wahrscheinlichkeitsproblem. – Mitteilungen der Versuchsanstalt für Wasserbau an der Eidgenössischen Technischen Hochschule in Zürich.

ENGELSING, H. (1981): Die Verwendung photoelektrischer Trübungsmesser zur Schwebstoffmessung. – Beiträge zur Hydrologie, Sonderheft 2, 193–210, Freiburg i.Br.

ERGENZINGER, P. (1988): The nature of coarse material bed load transport. IAHS Publ.174, 207–216, Wallingford.

–,– & S. CUSTER (1983): Determination of bedload transport using naturally magnetic tracers: First experiences at Squaw Creek, Gallatin County, Montana. – Water Resources Research, 19, 187–193.

–,–, SCHMIDT, K.-H. & R. BUSSKAMP (1989): The Pebble Transmitter System (PETS): A Technique for studying Coarse Material Erosion, Transport and Deposition. – Z.f. Geomorph. N.F., 33, 503–508, Berlin, Stuttgart.

GILVEAR, D.J. & G. E. PETTS (1985): Turbidity and suspended solids variations downstream of a regulating reservoir. − Earth Surface Processes and Landforms, 10, 363−373, Chichester.

HASSAN, M., SCHICK, A. & J. LARONNE (1984): The recovery of flood-dispersed coarse sediment particles. A three-dimensional magnetic tracing method. − Catena Suppl. 5, 153−162, Braunschweig.

HEY, R.D., BATHURST, J.C. & C.R. THORNE (Hrsg.) (1982): Gravel Bed Rivers. Fluvial processes, engineering and management. − Chichester (Wiley).

NADEN, P. (1988): Models of sediment transport in natural streams. In: ANDERSON, M.G. (Hrsg.): Modelling Geomorphological Systems. − 217−258, Chichester (Wiley).

NIPPES, K.R. (1983): Erfassung von Schwebstofftransporten in Mittelgebirgsflüssen. − Geoökodynamik, 4, 105−124, Darmstadt.

OLIVE, L.J. & W.A. RIEGER (1988): An examination of the role of sampling strategies in the study of suspended sediment transport. − IAHS Publ.174, 259−267, Wallingford.

REINEMANN, L. SCHEMMER, H. & M. TIPPNER (1982): Trübungsmessungen zur Bestimmung des Schwebstoffgehaltes. − DGM, 26, 167−174, Koblenz.

THORNE, C.R., BATHURST, J.C. & R.D. HEY (1987): Sediment transport in gravel-bed rivers. − Chichester (Wiley).

WAGNER, O. (1978): Zur Einschichtung von Flußwasser in den Bodensee-Obersee. − unveröff. Diplomarbeit, München.

Anschrift der Autoren:

Dr. Karl-Heinz SCHMIDT, Dagmar BLEY, Ralf BUSSKAMP & Dorothea GINTZ, Institut für Physische Geographie der Freien Universität Berlin, Altensteinstraße 19, D-1000 Berlin 33.

ZEITLICH VARIANTE EIGENSCHAFTEN FLUVIATILER SCHWEBSTOFFE
— Ein Werkstattbericht —

Von WOLFHARD SYMADER, Trier

mit 1 Abbildung

Zusammenfassung: 1. Mit Hilfe von Extinktionsmessungen über verschiedene Wellenlängen, die mit den Massenkonzentrationen verglichen wurden, lassen sich Schwebstoffsuspensionen hinsichtlich ihrer mittleren Korngröße und ihrer Dichte zumindest grob quantitativ beschreiben.

2. Dieser Beschreibungsansatz reicht aus, um systematische Änderungen der Schwebstoffbeschaffenheit im Verlauf einer Hochwasserwelle zu erfassen.

3. Die Beschreibung von Schwebstoffänderung im Verlauf einer Welle durch ein chemisches Nährstoff- und Schwermetallprofil scheint nicht der Charakterisierung über die optischen Eigenschaften zu entsprechen. Diese mangelnde Übereinstimmung bedingt Schwierigkeiten bei der Interpretation, erlaubt aber auch eine weitere Differenzierung.

[Variations of suspended sediment characteristics in time and space — a workshop report]

Summary: 1. The average grain size and the density of suspensoids can be described approximate quantitatively by extinction measuring of different wave lengths, where mass concentrations are compared.

2. This attempt of description is sufficient to record systematic changes in structure of suspensoids during a flood wave.

3. The description of the changes during the flood wave by a chemical nutrients- and heavy-metal-profile does not seem to correspond with the characterization by optical properties. This lack of similarities makes the interpretation difficult but also allows further differentiation.

1. Ausgangsproblem und Zielsetzung

Obwohl es jetzt schon mehr als zehn Jahre her ist, daß WOLMAN (1977) die wichtigsten Forschungsdefizite auf den Gebieten der fluviatilen Erosion und Sedimentation herausgestellt hat, hat sich bis heute an dieser Situation nichts Grundlegendes geändert. Zwar ist die Zahl der Einzeluntersuchungen, die sich mit Erosion, Stofftransport oder Sedimentation beschäftigen, ständig gewachsen, aber die Verbindung zwischen diesen drei Phänomenen kann nur im Einzelfall unter besonders günstigen Bedingungen hergestellt werden.

Erodiertes Bodenmaterial gelangt nur zu einem kleinen Teil direkt in das Gewässer, und von diesem Material wird wiederum nur ein Bruchteil unmittelbar in die Gebiete transportiert, in denen Sedimentationsprozesse vorherrschen. Statt dessen wird das Material zu einem großen Teil bereits nach kurzen Transportstrecken wieder abgelagert, ohne überhaupt nur die Nähe des Vorfluters zu erreichen. Weitere wichtige Senken, in denen Material abgelagert und zwischengespeichert wird, sind Hangfüße, Talsohle oder das Flußbett selbst.

Eine solche Zwischenspeicherung dauert einige Wochen bis zum nächsten kleineren Hochwasser oder einige Zehner bis Hunderte von Jahren bis zur nächsten Flußbettverlagerung.

Die potentiellen Schwebstoffquellen Oberboden, Wegmaterial, Uferbank- und Sedimentmaterial werden beim nächsten Erosionsereignis nur teilweise aktiv und lassen sich überdies wegen ihres temporären Charakters nur unzureichend kartieren. Welche dieser Quellen im Einzelfall aktiv wird, hängt von den sich manchmal erst neu bildenden Transportbahnen, den Materialeigenschaften und den sich einstellenden Scherkräften ab.

Aus dieser Situation folgt, daß die Prozesse von Erosion, Transport und Sedimentation stark miteinander verbunden und bei einer prozeßorientierten Betrachtung nicht ohne weiteres voneinander zu trennen sind. Außerdem weisen die zu untersuchenden Phänomene eine ausgeprägte räumliche und zeitliche Variabilität auf, was einen systematischen Zugang zu der gesamten Problematik erschwert und so eine Vielzahl von mehr oder weniger beziehungslos nebeneinander stehenden Einzeluntersuchungen zwangsläufig bedingt.

Der Schlüssel zu einem systematischen Zugang scheint in der Erfassung der zeitvarianten Schwebstoffquellen zu liegen. An diesen Schwebstoffquellen sind aber nicht nur die Geomorphologen und Sedimentologen interessiert sondern auch Fachdisziplinen wie die Wasserchemie, die stärker im chemisch analytischen Bereich tätig sind.

Problemfelder, wie die der Baggerschlammproblematik, der Pestizidbelastung oder des Selbstreinigungsvermögens von Gewässern, haben gezeigt, daß Feststoffe beim Transport von Schadstoffen wesentlich beteiligt sind. In diesem Zusammenhang rücken neben Fragen des Massentransportes die physiko-chemischen Eigenschaften der Schwebstoffe immer mehr in den Vordergrund.

Um den Transport und den Verbleib der Schadstoffe in unseren Gewässern verstehen zu lernen, brauchen wir aber nicht nur Informationen über Quellen und physikochemische Eigenschaften dieser Schwebstoffe, sondern darüber hinaus auch ganz detaillierte Kenntnisse über die beteiligten Transportsysteme.

Diese neuen Fragestellungen im Umweltbereich lassen die vorhandenen Wissenslücken deutlicher werden. Sie eröffnen aber auch die Möglichkeit, Schwebstoffe sowohl über ihre Eigenschaften oder Zusammensetzung als auch über Art und Grad der Schadstoffbelastung zu charakterisieren und damit unterschiedlichen Quellen zuzuordnen.

Daß es Beziehungen zwischen den Schwebstoffquellen und Schwebstoffeigenschaften gibt, ist in der Sedimentologie unbestritten, und hat zu einem breiten Forschungsansatz geführt, der sich zunächst auf die Korngrößenverteilung als dominante Eigenschaft beschränkte. Die auch hier meist nur lokal gültigen und sonst widersprüchlichen Ergebnisse führten später dazu, daß zusätzlich auch hydraulische Aspekte berücksichtigt wurden (KOMAR & LI 1986). In unseren Untersuchungen bleiben hydraulische Aspekte unberücksichtigt. Statt dessen sollen Schwebstoffbeschaffenheit und Schwebstoffzusammensetzung mit chemischen Charakteristika verglichen werden.

2. Der Untersuchungsansatz

Die Anzahl der Variablen, mit denen die Schwebstoffbeschaffenheit beschrieben werden kann, und die Differenzierung des chemischen Profils einer Schwebstoffprobe wird maßgeblich vom Probenvolumen bestimmt.

Da für jede Probenahmestelle zunächst völlig offen ist, welche chemischen Analysen Aussagen zulassen, ist ein breites Analysenspektrum erforderlich, das neben den wichtigsten Nährstoffen auch die Belastung durch Schwermetalle und organische Schadstoffe umfaßt. Zusätzlich müssen die Verhältnisse in der gelösten Phase untersucht werden, die einen Einfluß auf die Stoffverteilung in der suspendierten Phase ausüben und außerdem Hinweise auf einige Schwebstoffquellen ermöglichen.

Doch damit nicht genug. Um die Dynamik einer Hochwasserwelle zu erfassen, ist eine kontinuierliche Probenahme oder zumindest ein sehr kurzes Probenahmeintervall nötig. Dabei sind die Feststoffkonzentrationen in der fließenden Welle so gering, daß für eine klassische sedimentologisch-bodenkundliche Analyse Probenvolumina benötigt werden, die bereits für den ansteigenden Ast des Hochwassers im Bereich von einigen hundert Litern pro Probe liegen. Für den absteigenden Ast liegt das Volumen sogar noch höher.

Unter diesen Umständen kann das anvisierte Ziel bereits aus methodischen Erwägungen nicht in einem Schritt erreicht werden, sondern erfordert ein stufenweises Vorgehen.

Zunächst muß ein Weg gefunden werden, die Schwebstoffzusammensetzung auf eine möglichst einfache Art zu erfassen, die mit wenig Probenmaterial auskommt. Neben der Massenkonzentration werden der Glühverlust, der Chlorophyll-a Gehalt und die Trübe bei verschiedenen Wellenlängen bestimmt. Später sind auch Dichtemessungen mit Hilfe eines Multipyknometers und eine Bestimmung des C/N-Verhältnisses geplant.

Die Trübe wird in einem Novaspec-Spektralphotometer (Pharmacia LKB) als Extinktion bei Durchlicht gemessen und geht zum größten Teil auf den Streulichtanteil zurück.

Diese Untersuchungen werden zunächst unter Laborbedingungen mit Suspensionen bekannter Zusammensetzung durchgeführt. Die Proben werden zuvor mit Ammoniakwasser und anschließender Ultraschallbehandlung dispergiert. Eine spätere Koagulation während der Messungen konnte nicht beobachtet werden.

Parallel zu diesen Untersuchungen werden in zwei Einzugsgebieten in der Eifel und im Hunsrück einzelne Hochwasserwellen in viertelstündigen Intervallen beprobt, deren Schwebstoffzusammensetzung unbekannt ist. Ziel dieser Teiluntersuchung ist es, den zeitlichen Ablauf der Schwebstoffbelastung zu erfassen. Der Katalog der Meßvariablen stimmt mit den Laboruntersuchungen überein, und es wird an ausgewählten Einzelproben mit großem Probenvolumen überprüft, ob sich die im Labor erzielten Ergebnisse auf die Verhältnisse im Gewässer übertragen lassen.

Der grundsätzliche Unterschied zwischen dispergierten und nicht dispergierten Proben (SUTHERLAND & BRYAN 1989:190, UMLAUF & BIERL 1987:203−209) ist eher ein inhaltliches als ein methodisches Problem. Veränderungen von Partikeloberfläche, -form oder -farbe durch Koagulation ändern zwar die Extinktionswerte, aber es wird zunächst davon ausgegangen, daß diese Effekte im Bereich der Zufallsstreuung unserer Versuchsansätze liegen. Eine Überprüfung der Richtigkeit dieser Annahme wird erst zu einem späteren Zeitpunkt erfolgen können.

Wenn aber zutrifft, daß es für die optischen Eigenschaften weitgehend belanglos ist, ob der Grobschluff aus koagulierten Tonen besteht oder aus Einzelkörnern, dann können die

Ergebnisse der Laboruntersuchungen weitgehend fehlerarm auf die Verhältnisse im Gewässer übertragen werden.

Nicht belanglos ist die Frage des Dispersionsgrades jedoch bei der Frage des Stofftransportes, da die Stoffkonzentrationen maßgeblich von der aktiven Oberfläche der Partikel beeinflußt werden können. Daher muß dieser Effekt beim dritten Schritt des Untersuchungsprogramms, der Parallelisierung von chemischen Analysenwerten und allgemeinen Beschreibungskriterien, berücksichtigt werden.

3. Die Einzugsgebiete

Für die Feldversuche und Beprobungen wurden zwei Einzugsgebiete in der Eifel und im Hunsrück ausgewählt, die sich hinsichtlich ihres Untergrundes und der Landnutzung deutlich unterscheiden.

Der Kartelbornsbach in der Eifel entwässert ein Einzugsgebiet von 37 km² Fläche. Die Landnutzung beschränkt sich auf Grünlandwirtschaft und Getreideanbau, bei dem die Gerste vorherrscht. Ein einzelnes Maisfeld am Rand des Einzugsgebietes bildet die Ausnahme. Die lehmigen Böden mit unterschiedlichen Tonanteilen überlagern Dolomitsteine und dolomitische Sand-, Ton- und Mergelsteine des Muschelkalks und unteren Keupers.

Eine deutlichere anthropogene Belastung als durch die Landwirtschaft wird durch die hydraulisch überlastete Kläranlage des Ortes Newel hervorgerufen, die zu einigen Anomalien im Abflußprozeß führen kann.

Dieses Einzugsgebiet ist typisch für die Landnutzungs- und Siedlungsstruktur der Südeifel.

Im zweiten Einzugsgebiet ist die anthropogene Belastung noch deutlicher. Die Bautätigkeit in den letzten Jahren hat das Abflußregime des Olewiger Baches deutlich verändert und zu einer verstärkten Hochwassergefährdung im Unterlauf geführt, bis der Bau zweier Regenrückhaltebecken für eine Entlastung sorgte.

Die Grünland- und Ackerlandanteile dieses ungefähr 35 km² großen Einzugsgebietes sind ähnlich verteilt wie in der Eifel. Für eine besondere Schwebstoffbelastung sorgen die Steillagen der Weinberge.

Der entscheidende Unterschied zwischen den beiden Einzugsgebieten ist die Variabilität der potentiellen Schwebstoffquellen. Während der Schwebstoff des Kartelbornsbaches abgesehen von Zwischenspeicherungseffekten vorwiegend von weitgehend homogenen Böden und dem landwirtschaftlichen Wegenetz stammt, sind die Verhältnisse im Olewiger Bach weniger übersichtlich. Neben starken Abspülungseffekten von Straßen und Hausdächern bringt die Bodenerosion von den Weinberghängen ganz unterschiedliches Material heran, das auf einigen Hängen als Fremdmaterial aufgetragen wurde, um Bodenverluste auszugleichen. Der natürliche Untergrund besteht aus devonischem Tonschiefer, der an einigen Stellen von Quarziten durchsetzt ist.

4. Diskussion der Ergebnisse

Da die Datenbasis noch unzureichend ist und viele Proben das Labor noch nicht verlassen haben, lassen sich zunächst nur vorläufige Ergebnisse mitteilen.

In früheren Untersuchungen (SYMADER 1984:27–34, 1985:321–322) konnte gezeigt werden, daß mit Trübemessungen und Massenkonzentrationsbestimmungen zwei unterschiedliche Aspekte der Schwebstoffbelastung erfaßt werden, die vor allem bei sehr heterogenen Schwebstoffen mit starken Dichteunterschieden in ihren Aussagen deutlich voneinander abweichen und daher geeignet sind Schwebstoffe unterschiedlicher Herkunft voneinander zu unterscheiden.

Es konnte außerdem gezeigt werden, daß die Abhängigkeit der Extinktionsmessung von der gewählten Wellenlänge durch die Korngrößenverteilung in der Suspension beeinflußt wird. Mit Hilfe dieser Beziehung gelang der Nachweis, daß die Konzentrationen von partikulärem Eisen und Mangan von der Schwebstoffzusammensetzung abhängen und sich in ihrem zeitlichen Verhalten unterscheiden.

Spätere, im Rahmen der jetzt bearbeiteten Fragestellungen durchgeführte Auswertungen des Datenmaterials ergaben, daß sich das Verhältnis der Massenkonzentration zur Trübe in Abhängigkeit von den sich ändernden hydrologischen Bedingungen ebenfalls in charakteristischer Weise ändert. Obwohl auch hier die Korngrößenverteilung eine Rolle spielt, scheinen Dichteunterschiede wichtiger zu sein. Der Koeffizient Konzentration/Trübe sinkt nicht nur, wie es bei einem Wechsel vom Abwasserschwebstoff zum Erosionsschwebstoff zu erwarten war, bei jedem Hochwasserereignis deutlich ab, sondern er ändert sich auch beim Durchgang einer einzelnen Hochwasserwelle. Die Anzahl der untersuchten Wellen reicht aber noch nicht aus, um diesen Vorgang sicher quantifizieren zu können.

Die Abhängigkeit der Extinktion von der gewählten Wellenlänge wird nun systematisch mit einem Spektralphotometer untersucht. Vergleichsmessungen mit dem in den früheren Arbeiten verwendeten Filterphotometer (Elko II von Zeiß) wiesen Unterschiede auf, die nicht nur von der Küvettendicke abhingen, sondern auch mit der Schwebstoffkonzentration und der gewählten Wellenlänge variierten. Damit läßt sich ein Unterschied der Geräte nicht durch ein oder zwei einfache Gerätekonstanten eliminieren. Als Konsequenz konnten in den weiteren Auswertungen die früher gemessenen Werte nicht mehr mitberücksichtigt werden. Für die Vergleichbarkeit einzelner Untersuchungen ist es bedauerlich, daß die gemessenen Trübewerte immer nur für das verwendete Meßgerät gelten und ein Vergleich zweier Geräte selbst bei ähnlicher Meßanordnung nur bedingt möglich ist.

Die Beziehung zwischen der Schwebstoffkonzentration und der gemessenen Trübe ist bei sonst gleichen Randbedingungen bis zu einer Konzentration von 200 mg/l linear. Bei höheren Konzentrationen machen sich auf allen Wellenlängen Beschattungseffekte bemerkbar, deren Grad sowohl mit der Wellenlänge als auch mit der Korngrößenverteilung zu variieren scheint. Diese Beobachtung wurde auch von REINEMANN et al. (1982:170) gemacht, aber es läßt sich auch hier nicht entscheiden, ob es Korngrößeneffekte oder Dichteunterschiede sind.

Da bei den Trübemessungen zwischen 300 und 800 nm die Extinktion vorwiegend vom Streulicht bedingt wird, nimmt sie mit abnehmender Wellenlänge, also steigender Energie, zu. Diese Abhängigkeit läßt sich durch eine Exponentialfunktion beschreiben, deren Koeffizienten von der Teilchengröße abhängen. Je kleiner die suspendierten Partikel sind, desto stärker ist die Extinktionszunahme mit abnehmender Wellenlänge.

Der Einfluß der spezifischen Dichte auf die Trübemessungen wurde bisher nicht überprüft, da die Erosionsschwebstoffe diesbezüglich keine großen Unterschiede aufweisen und die instrumentelle Ausrüstung für Feindifferenzierungen erst ab 1989 gegeben ist.

Untersucht wurden allerdings mögliche Störeffekte durch gelöste organische Stoffe, die die Extinktion über Absorptionseffekte beeinflussen. Für Humus- und verwandte Stoffe kann ein solcher Einfluß in den untersuchten Einzugsgebieten vernachlässigt werden. Anders sieht es unter Umständen in reinen Waldgebieten aus, wenn größere Schwebstoffmengen aus O- oder Ah-Horizonten stammen. In diesen Fällen treten Absorptionsmaxima im Bereich kurzer bis mittlerer Wellenlängen auf.

Lokale Maxima oder Schultern im mittel- bis langwelligen Bereich der Extinktionskurven weisen bei den Untersuchungen von Hochwasserwellen aber darauf hin, daß einige gelöste Stoffe bei der Extinktion doch eine Rolle spielen. Nach ersten Vermutungen handelt es sich dabei um Stoffe aus der Ortskläranlage Newel.

Ausschnitte aus den Trübemessungen einer typischen Hochwasserwelle zeigt Abbildung 1. Die Welle des Kartelbornsbaches vom 30.5.1988 wurde durch einen gewittrigen Schauer nach vorangegangener Trockenphase ausgelöst.

Dargestellt sind in der Abbildung die Trübemessungen von sechs aus vierzehn Proben. Die Proben vier bis sechs, andeutungsweise auch schon die Probe drei, zeigen eine leichte Abweichung von der Ideallinie einer Potenzfunktion. Diese Proben stammen alle aus dem aufsteigenden Ast der Welle. Es kann vermutet werden, daß sich hier Spüleffekte der Kläranlage widerspiegeln, die sich in einer Wasserfärbung äußern. Diese Art der Abweichung ist für den ansteigenden Ast einer Welle recht typisch und konnte mehrfach beobachtet werden.

Wesentlich wichtiger aber ist der Vergleich der Proben fünf und acht, die beide ähnliche Schwebstoffkonzentrationen zeigen, aber in ihrer zeitlichen Abfolge durch den Hochwasserscheitel getrennt sind. Die Steigung der Kurve acht ist deutlich stärker als die der Kurve fünf. Dieser Unterschied deckt sich mit der Tatsache, daß die mittlere Korngröße während des Anstiegs der Hochwasserwelle größer ist als beim Abfall.

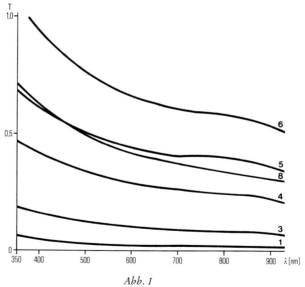

Abb. 1
Beziehung zwischen Trübung (T) und Wellenlänge (λ), Abflußwelle vom 30.5.1988
Relation between turbidity (T) and wave length (λ), flood wave 30.5.1988

Quantifizieren lassen sich diese Effekte allerdings noch nicht, zumal die Proben nicht dispergiert waren.

Das Korngrößenmaximum des Schwebstoffs liegt trotz deutlicher Sand- und Tonanteile im Schluffbereich. Das Material selbst besteht zum größten Teil aus koaguliertem Ton und Feinschluff. UMLAUF & BIERL (1987) haben die Verschiebung des Korngrößenspektrums nach Dispersion an Schwebstoff- und Sedimentproben des Rotmains deutlich dokumentieren können und auch die Bedeutung dieses Effektes für den Schadstofftransport diskutiert.

Zur chemischen Charakterisierung wurden bisher nur die wichtigsten Nährstoffkationen und Schwermetalle benutzt. Zum gegenwärtigen Zeitpunkt kann lediglich ausgesagt werden, daß sich die Stoffzusammensetzung der Schwebstoffe während einer Hochwasserwelle nicht zufällig ändert, sondern daß prozeßgesteuerte Veränderungen auftreten. Die wichtigsten Änderungen liegen aber häufig zu Beginn, am Ende oder sogar außerhalb der eigentlichen Welle, so daß sie in den Untersuchungen der ersten Wellen nicht repräsentativ erfaßt wurden und entsprechend schwer zu interpretieren sind. Als Ergebnis kann aber festgehalten werden, daß die Beprobung der eigentlichen Welle nicht ausreicht, sondern über sie hinausgehen muß.

Literatur

KOMAR, P.D. & Li, Z.(1986): Pivoting Analyses of the Selective Entrainment of Sediments by Shape and Size with Application to gravel Threshold. – Sedimentology 33: 425–436.
REINEMANN, L., SCHEMMER, H. & TIPPNER, M.(1982): Trübungsmessungen zur Bestimmung des Schwebstoffgehaltes. – Deutsche Gewässer kundliche Mitteilungen 26: 167–174.
SUTHERLAND, R.A .& BRYAN, R.B.(1989): Variability of Particle Size Characteristics of Sheetwash Sediments and Fluvial Suspended Sediment in a Small Semiarid Catchment, Kenya. – Catena 16: 189–204.
SYMADER, W.(1984): Raumzeitliches Verhalten gelöster und suspendierter Schwermetalle. – Geogr. Z., Beihefte 67.
–,– (1985): The Regional Variations of Controlling Factors of Water Quality in Small Rivers. – Beiträge zur Hydrologie, Sonderheft 5.1: 317–330.
UMLAUF, G. & BIERL, R.(1987): Distribution of Organic Micropollutants in Different Size Fractions of Sediment and Suspended Solid Particles of the River Rotmain. – Z.f. Wasser-Abwasser-forschung 20: 303–209.
WOLMAN, M.G.(1977): Changing Needs and Opportunities in the Sediment Field. – Water Resources Research 13: 50–54.

Anschrift des Autors

Prof. Dr. Wolfhard SYMADER, Geographisches Institut der Universität Trier, Postfach 3825, D-5500 Trier.

GÖTTINGER GEOGRAPHISCHE ABHANDLUNGEN

Herausgegeben vom Vorstand des Geographischen Instituts der Universität Göttingen
Schriftleitung: Karl-Heinz Pörtge

Heft 65: **Tribian, Henning: Das Salzgittergebiet.** Eine Untersuchung der Entfaltung funktionaler Beziehungen und sozioökonomischer Stukturen im Gefolge von Industrialisierung und Stadtentwicklung. Göttingen 1976. 296 Seiten mit 45 Abbildungen. Preis 33,– DM.

Heft 66: **Nitz, Hans-Jürgen (Hrsg.): Landerschließung und Kulturlandschaftswandel an den Siedlungsgrenzen der Erde.** Symposium anläßlich des 75. Geburtstages von Prof. Dr. Willi Czajka. Göttingen 1976. 292 Seiten mit 76 Abbildungen und Karten. Preis 32,– DM.

Heft 67: **Kuhle, Matthias: Beiträge zur Quartärmorphologie SE-Iranischer Hochgebirge.** Die quartäre Vergletscherung des Kuh-i-Jupar. Göttingen 1976. Textband 209 Seiten. Bildband mit 164 Abbildungen und Panorama. Preis 78,– DM.

Heft 68: **Garleff, Karsten: Höhenstufen der argentinischen Anden in Cujo, Patagonien und Feuerland.** Göttingen 1977. 152 Seiten, 34 Abbildungen, 6 Steckkarten. Preis 36,– DM.

Heft 69: **Gömann, Gerhard: Art und Umfang der Urbanisation im Raume Kassel.** Grundlagen, Werdegang und gegenwärtige Funktion der Stadt Kassel und ihre Bedeutung für das Umland. Göttingen 1978. 250 Seiten mit 22 Abbildungen und 2 Beilagen. Preis 48,– DM.

Heft 70: **Schröder, Eckart: Geomorphologische Untersuchungen im Hümmling.** Göttingen 1977. 120 Seiten mit 18 Abbildungen, 3 Tabellen und 7 zum Teil mehrfarbigen Karten. Preis 34,– DM.

Heft 71: **Sohlbach, Klaus D.: Computerunterstützte geomorphologische Analyse von Talformen.** Göttingen 1978. 210 Seiten, 37 Abbildungen und 13 Tabellen. Preis 51,30 DM.

Heft 72: **Brunotte, Ernst: Zur quartären Formung von Schichtkämmen und Fußflächen im Bereich des Markoldendorfer Beckens und seiner Umrahmung (Leine-Weser-Bergland).** Göttingen 1978. 142 Seiten mit 51 Abbildungen, 6 Tabellen und 4 Beilagen. Preis 37,50 DM.

Heft 73: **Liss, Carl-Christoph: Die Besiedlung und Landnutzung Ostpatagoniens unter besonderer Berücksichtigung der Schafestancien.** Göttingen 1979. 280 Seiten mit 60 Abbildungen und 5 Beilagen. Preis 48,50 DM.

Heft 74: **Heller, Wilfried: Regionale Disparitäten und Urbanisierung in Griechenland und Rumänien.** Aspekte eines Vergleichs ihrer Formen und Entwicklung in zwei Ländern unterschiedlicher Gesellschafts- und Wirtschaftsordnung seit dem Ende des Zweiten Weltkrieges. Göttingen 1979. 315 Seiten mit 59 Tabellen, 98 Abbildungen und 4 Beilagen. Preis 68,– DM.

Heft 75: **Meyer, Gerd-Uwe: Die Dynamik der Agrarformationen – dargestellt an ausgewählten Beispielen des östlichen Hügellandes, der Geest und der Marsch Schleswig-Holsteins.** Von 1950 bis zur Gegenwart. Göttingen 1980. 231 Seiten mit 26 Abbildungen, 18 Tabellen und 7 Beilagen. Preis 52,50 DM.

Heft 76: **Spering, Fritz: Agrarlandschaft und Agrarformation im deutsch-niederländischen Grenzgebiet des Emslandes und der Provinzen Drenthe/Overijssel.** Göttingen 1981. 304 Seiten mit 62 Abbildungen und 8 Kartenbeilagen. Preis 56,– DM.

Heft 77: **Lehmeier, Friedmut: Regionale Geomorphologie des nördlichen Ith-Hils-Berglandes auf der Basis einer großmaßstäbigen geomorphologischen Kartierung.** Göttingen 1981. 137 Seiten mit 38 Abbildungen, 9 Tabellen und 5 Beilagen. Preis 54,– DM.

Heft 78: **Richter, Klaus: Zum Wasserhaushalt im Einzugsgebiet der Jökulsá á Fjöllum, Zentral-Island.** Göttingen 1981. 101 Seiten mit 23 Tabellen und 37 Abbildungen. Preis 22,– DM.

Heft 79: **Hillebrecht, Marie-Luise: Die Relikte der Holzkohlewirtschaft als Indikatoren für Waldnutzung und Waldentwicklung.** Göttingen 1982. 158 Seiten mit 37 Tabellen, 34 Abbildungen und 9 Karten. Preis 47,50 DM.

Heft 80: **Wassermann, Ekkehard: Aufstrecksiedlungen in Ostfriesland.** Göttingen 1985. 172 Seiten und 12 Abbildungen. Preis 48,– DM.

Heft 81: **Kuhle, Matthias: Internationales Symposium über Tibet und Hochasien vom 8.–11. Oktober 1985 im Geographischen Institut der Universität Göttingen.** Göttingen 1986. 248 Seiten, 66 Abbildungen, 65 Figuren und 10 Tabellen. Preis 34,– DM.

Heft 82: **Brunotte, Ernst: Zur Landschaftsgenese des Piedmont an Beispielen von Bolsonen der Mendociner Kordilleren (Argentinien).** Göttingen 1986. 131 Seiten mit 50 Abbildungen, 3 Tabellen und 5 Beilagen. Preis 41,– DM.

Heft 83: **Hoyer, Karin: Der Gestaltwandel ländlicher Siedlungen unter dem Einfluß der Urbanisierung – eine Untersuchung im Umland von Hannover.** Göttingen 1987. 288 Seiten mit 57 Abbildungen, 20 Tabellen und 13 Beilagen. Preis 34,– DM.

Heft 84: **Aktuelle Geomorphologische Feldforschung. Vorträge anläßlich der 13. Jahrestagung des Deutschen Arbeitskreises für Geomorphologie vom 6.–10. Oktober 1986 im Geographischen Institut der Universität Göttingen.** Herausgegeben von Jürgen Hagedorn und Karl-Heinz Pörtge. Göttingen 1987. 128 Seiten mit 50 Abbildungen und 15 Tabellen. Preis 25,– DM.

Heft 85: **Kiel, Almut: Untersuchungen zum Abflußverhalten und fluvialen Feststofftransport der Jökulsá Vestri und Jökulsá Eystri, Zentral-Island. Ein Beitrag zur Hydrologie des Periglazialraumes.** Göttingen 1989. 130 Seiten mit 53 Abildungen und 20 Tabellen. Preis 24,– DM.

Heft 86: **Beiträge zur aktuellen fluvialen Morphodynamik.** Herausgegeben von Karl-Heinz Pörtge und Jürgen Hagedorn. Göttingen 1989. 144 Seiten mit 61 Abbildungen und 12 Tabellen. Preis 26,– DM.

Das vollständige Veröffentlichungsverzeichnis der GAA kann beim Verlag angefordert werden.

Alle Preise zuzüglich Versandspesen. Bestellungen an:

Verlag Erich Goltze GmbH & Co. KG., Göttingen